Björn P. Moller

Carbon Nanotube Dispersionen

Björn P. Moller

Carbon Nanotube Dispersionen

Herstellung, Charakterisierung und
Weiterverarbeitung von CNT-Dispersionen und
CNT-Polymer-Kompositen

Südwestdeutscher Verlag für Hochschulschriften

Impressum / Imprint

Bibliografische Information der Deutschen Nationalbibliothek: Die Deutsche Nationalbibliothek verzeichnet diese Publikation in der Deutschen Nationalbibliografie; detaillierte bibliografische Daten sind im Internet über http://dnb.d-nb.de abrufbar.
Alle in diesem Buch genannten Marken und Produktnamen unterliegen warenzeichen-, marken- oder patentrechtlichem Schutz bzw. sind Warenzeichen oder eingetragene Warenzeichen der jeweiligen Inhaber. Die Wiedergabe von Marken, Produktnamen, Gebrauchsnamen, Handelsnamen, Warenbezeichnungen u.s.w. in diesem Werk berechtigt auch ohne besondere Kennzeichnung nicht zu der Annahme, dass solche Namen im Sinne der Warenzeichen- und Markenschutzgesetzgebung als frei zu betrachten wären und daher von jedermann benutzt werden dürften.

Bibliographic information published by the Deutsche Nationalbibliothek: The Deutsche Nationalbibliothek lists this publication in the Deutsche Nationalbibliografie; detailed bibliographic data are available in the Internet at http://dnb.d-nb.de.
Any brand names and product names mentioned in this book are subject to trademark, brand or patent protection and are trademarks or registered trademarks of their respective holders. The use of brand names, product names, common names, trade names, product descriptions etc. even without a particular marking in this works is in no way to be construed to mean that such names may be regarded as unrestricted in respect of trademark and brand protection legislation and could thus be used by anyone.

Coverbild / Cover image: www.ingimage.com

Verlag / Publisher:
Südwestdeutscher Verlag für Hochschulschriften
ist ein Imprint der / is a trademark of
AV Akademikerverlag GmbH & Co. KG
Heinrich-Böcking-Str. 6-8, 66121 Saarbrücken, Deutschland / Germany
Email: info@svh-verlag.de

Herstellung: siehe letzte Seite /
Printed at: see last page
ISBN: 978-3-8381-3260-0

Zugl. / Approved by: Stuttgart, Universität Stuttgart, IGVT,, Diss., 2013

Copyright © 2013 AV Akademikerverlag GmbH & Co. KG
Alle Rechte vorbehalten. / All rights reserved. Saarbrücken 2013

Inhaltsverzeichnis

Abbildungsverzeichnis   9

I   Präambel   15

Zusammenfassung   17

Abstract   19

Résumé   21

Abkürzungsverzeichnis   23

II   Hauptteil   25

1 Einleitung   27
   1.1 Motivation der Arbeit 28
   1.2 Zielsetzung dieser Arbeit 31

2 Theoretische Grundlagen   33
   2.1 Grundlegende Bemerkungen zu Kohlenstoffnanoröhren 33
       2.1.1 Geschichte und Entdeckung 34
       2.1.2 Herstellungsverfahren für Carbon Nanotubes 36
       2.1.3 Struktur von Carbon Nanotubes 40
       2.1.4 Eigenschaften von Carbon Nanotubes 42
       2.1.5 Anwendungsbeispiele von Carbon Nanotubes 46
   2.2 Funktionalisierung von Carbon Nanotubes 47
   2.3 Theorie der elektrischen Leitfähigkeit 48
   2.4 Grundlagen der Membrantechnik 49

3 Stand der Wissenschaft und Technik   53
   3.1 Dispergierung von Carbon Nanotubes 53

3.2 Polymerkomposite mit Carbon Nanotubes 56
    3.2.1 Herstellung von Polymer-Kompositen mit nanoskaligen Füllstoffen 56
    3.2.2 Eigenschaften von CNT-Polymer-Kompositen 59
    3.2.3 Anwendungsmöglichkeiten von CNT-Polymer-Kompositen . . 61
3.3 Membranen aus Carbon Nanotubes 63
    3.3.1 Theoretische Berechnungen, Modellierung und Simulationen an isolierten Nanotubes 63
    3.3.2 Modellierung und Simulation an aligned Carbon Nanotubes . 64
    3.3.3 Experimentelle Arbeiten an single-walled Carbon Nanotubes . 64
    3.3.4 Veröffentlichungen zu Experimenten an non-aligned Carbon Nanotubes 65

4 Materialien und Methoden 67
4.1 CNT-Ausgangsstoffe und verwendete Chemikalien 67
    4.1.1 Carbon Nanotube-Materialien - Hersteller und Eigenschaften . 67
    4.1.2 Verwendete Lösemittel und weitere Materialien 69
    4.1.3 Oberflächenmodifikation von Carbon Nanotubes 69
4.2 Physikalische Grundlagen der verwendeten Messmethoden 73
    4.2.1 Rasterelektronenmikroskopie 73
    4.2.2 Kontaktwinkelmessungen 74
    4.2.3 Porometrie 76
    4.2.4 UV-VIS-Spektrometrie und Photometrie 78
    4.2.5 Bestimmung der elektrischen Leitfähigkeit mittels der Vier-Punkt-Methode 80
    4.2.6 Rheologie 80
4.3 Grundlagen der verwendeten Dispergierverfahren 83
    4.3.1 Ultraschalldispergierung 83
    4.3.2 Dispergierung mittels Ultra Turrax 83
    4.3.3 Dispergierung mittels Kugelmühle 84
    4.3.4 Hochdruckdispergierung 85
4.4 Herstellung von reinen CNT-Membranen 87
    4.4.1 Herstellung von Bucky Paper 87
    4.4.2 Herstellung von parylenbeschichtetem Bucky Paper 89
4.5 Herstellung von CNT-Polymer-Kompositen 91
    4.5.1 Polymersysteme 91
    4.5.2 Verfahren zur Membranherstellung 92

5 Ergebnisse und Diskussion 97
5.1 Dispergierung von Carbon Nanotubes 97
    5.1.1 Einfluss unterschiedlicher Dispergierverfahren auf die Qualität von CNT-Dispersionen 100

Inhaltsverzeichnis

    5.1.2 Abhängigkeit der Dispersion von Ultraschall und Zentrifugation 103
    5.1.3 Dispergierung in verschiedenen Lösemitteln und ionischen Flüssigkeiten 116
    5.1.4 Einfluss der Oberflächenspannung auf die Dispergierfähigkeit von CNTs 121
    5.1.5 Einfluss der Viskosität auf die Dispersion 123
5.2 Dispergierung in wässrigen Lösungen zur Herstellung von Bucky Paper-Membranen 128
    5.2.1 Herstellung von Bucky Papers 128
    5.2.2 Schaltbare Membranen 131
    5.2.3 Adsorptionsmembranen 135
    5.2.4 Anti-fouling und Sterilisation durch heizbare Membranen 137
5.3 CNT-Polymer-Komposite 139
    5.3.1 Optische Eigenschaften von CNT-Polymer-Kompositen 139
    5.3.2 Elektrische Leitfähigkeit 142
    5.3.3 Membraneigenschaften 143

6 Zusammenfassung und Ausblick 149
6.1 Zusammenfassung 149
6.2 Ausblick 151

III Anhang 155

Literaturverzeichnis 185

Danksagung 197

Abbildungsverzeichnis

1.1 Entwicklung der Veröffentlichungen zu Carbon Nanotubes 28
1.2 Typischer Entwicklungszyklus von innovativen Technologien nach Gartner [FGR10] angepasst an die CNT-Forschung. 29
1.3 Entwicklung der Veröffentlichungen zu Carbon Nanotube-Dispersionen 30

2.1 Glaskuppel „Biosphère" anlässlich der Weltausstellung 1967 in Montréal. 35
2.2 Vektordiagramm einer Graphenlage. Der Aufrollvektor ergibt sich aus den Einheitsvektoren $\vec{a_1}$ und $\vec{a_2}$ der hexagonalen Einheitszelle (nach [DDA01]). 41
2.3 Defekte stellen einen bevorzugten Angriffspunkt für chemische Reaktionen dar 45
2.4 Leitfähigkeit eines Polymerwerkstoffes mit leitfähigem Füllstoff als Funktion der Füllstoffkonzentration 49
2.5 Unterschiedliche Membranverfahren 50

3.1 Einfluss des Gehalts an MWCNT auf Wasserfluss und Rückhalt von PEG-20000 (nach [Qiu09]) 66

4.1 Rasterelektronenmikroskopische Aufnahmen der unterschiedlichen Ausgangsmaterialien. 70
4.2 Schematische Darstellung der Plasmabehandlung. Je nach Form des Ausgangsmaterials werden unterschiedliche Reaktorgeometrien verwendet. Die Zusammensetzung des Prozessgases definiert die auf der Oberfläche erzeugten chemischen Gruppen (nach [Zsc10]). 71
4.3 Vektordiagramm der Grenzflächenspannungen 75
4.4 Prinzip der Porometrie 77
4.5 Beispielhafte Darstellung einer Porometrie Messkurve 78
4.6 Schematische Darstellung der Viskositätsmessung 81
4.7 Schematische Darstellung einer Ultraschallzelle (links) sowie der Vorgänge bei der Ultraschalldispergierung (rechts). 84
4.8 Links: Wirkungsweise eines Ultra Turrax. Rechts: Schematischer Aufbau einer Kugelmühle. (nach [Sch09]) 85
4.9 Schematische Darstellung der Bucky Paper Herstellung 88
4.10 Vorgänge beim Parylen-CVD-Prozess 90
4.11 Schematische Darstellung der Filtrationszelle 91

Abbildungsverzeichnis

4.12 Strukturformel und 3D-Modell von Polysulfon (erstellt mit ACD/ChemSketch) 92
4.13 Übersicht über unterschiedliche Membrantypen, Herstellungsverfahren sowie typische Anwendungen (nach [Ohl06]) 95
5.1 Schematische Darstellung unterschiedlicher Verteilungsmöglichkeiten von CNTs in einem Medium 98
5.2 Vergleich unterschiedlicher Dispergierverfahren 102
5.3 Verlauf der Extinktion von CNT-Dispersionen aus Material unterschiedlicher Hersteller 104
5.4 Zweifach linearer Fit zur Ermittlung einer „optimalen Behandlungsdauer" 105
5.5 Verlauf der Extinktion für unterschiedliche CNTs Einwaagemengen . . 108
5.6 Abhängigkeit der Extinktion von der CNT-Einwaagemenge bei der Dispergierung in wässriger Tensidlösung 108
5.7 Abhängigkeit der Extinktion von der CNT-Einwaagemenge bei der Dispergierung in NEP 109
5.8 Abhängigkeit der Dispergierung von der Tensidkonzentration 110
5.9 Unterschied des Dispergierverhaltens von MWCNTs unterschiedlicher Hersteller in wässriger Tensidlösung im Vergleich zu N-Ethylpyrrolidon (NEP). 113
5.10 Zentrifugationswirkung auf Dispersionen aus unterschiedlichem CNT Material 114
5.11 Temperierung des Lösemittels während der Ultraschallbehandlung . . 116
5.12 Vergleich von CNT-Dispersionen in unterschiedlichen Lösemitteln . . 118
5.13 Struktur unterschiedlicher Kationen in ionischen Flüssigkeiten 121
5.14 Auswirkung der Variation der Oberflächenenergie von Carbon Nanotubes auf die Dispergierfähigkeit 123
5.15 REM-Aufnahmen von gefriergebrochenen Oberflächen der CNT-PC-Komposite 124
5.16 Abhängigkeit der Dispergierfähigkeit von der Viskosität 126
5.17 Eigenschaften von Bucky Papers bei der Verwendung von Carbon Nanotubes unterschiedlicher Hersteller 130
5.18 Einfluss der Zentrifugationsdauer auf Dicke und Masse von Bucky Paper 132
5.19 Parylenbeschichtung auf Bucky Paper im Querschnitt 134
5.20 Schematische Darstellung der Kontaktwinkelmessung 134
5.21 Schematische Darstellung der Wirkungsweise einer CNT- Adsorptionsmembran 136
5.22 Temperaturprofil der thermischen Behandlung 137
5.23 Aufheizen einer Bucky Paper-Membran durch Anlegen einer Spannung von 10 V. Nach ca. drei Sekunden wurden 150 °C überschritten. . . . 138
5.24 Beispiele für CNT-Polysulfon-Komposite 140
5.25 UV-VIS Spektren unterschiedlicher CNT-Polysulfon-Komposit Membranen 142

Abbildungsverzeichnis

5.26 Elektrische Leitfähigkeit von symmetrischen PSU-Membranen mit unterschiedlichem CNT-Gehalt 143
5.27 Porometriemessungen an unterschiedlichen asymmetrischen Polyethersulfonmembranen 144
5.28 Porendurchmesser unterschiedlicher symmetrischer Polysulfonmembranen in Abhängigkeit des CNT-Füllgrades 145
5.29 Zeitlicher Verlauf von Wasserfluss und Fluss einer Dextanlösung . . . 146
5.30 MWCO Messungen an Referenzmembran (links) sowie an der erfolgversprechendsten CNT-PES-Membran (rechts) 147
5.31 Separationsverhalten unterschiedlicher CNT-PSU-Komposit-Membranen 148

11

**We are still confused
but on a higher level.**
RICHARD P. FEYNMAN

Richard Phillips Feynman (1918 - 1988) war ein US-amerikanischer Physiker und gilt durch seine Rede „*There's Plenty of Room at the Bottom*" am California Institute of Technology im Jahr 1959 als einer der Gründer der Nanotechnologie. Für seine Arbeiten zur Quantenelektrodynamik erhielt er 1965 den Nobelpreis für Physik.

Teil I

Präambel

Zusammenfassung

Carbon Nanotubes (CNTs) haben seit ihrer Entdeckung 1991 ein großes Interesse in der internationalen Forschungslandschaft hervorgerufen. Grund hierfür sind die außergewöhnlichen physikalischen Eigenschaften, wie zum Beispiel die hohe mechanische Festigkeit, die hohe elektrische Leitfähigkeit oder die hohe Wärmeleitfähigkeit. Um CNTs jedoch in makroskopischen Produkten nutzen zu können, müssen CNTs, die nach der Herstellung in Form von Agglomeraten vorliegen, vereinzelt und homogen in Lösemitteln und letztendlich in Polymeren dispergiert werden. Diese Dispergierung stellt heutzutage einen der schwierigsten Verfahrensschritte bei der Verarbeitung von Carbon Nanotubes dar.

Ziel dieser Arbeit ist daher, das Dispergierverhalten von Carbon Nanotubes systematisch zu untersuchen, und die Einflussgrößen zur Herstellung optimierter sowohl wässriger als auch lösemittelbasierter Dispersionen zu bewerten. Aus diesen Dispersionen wurden dann sowohl reine CNT-Membranen als auch Polymer-Komposit-Membranen entwickelt und charakterisiert.

Die vorliegende Arbeit gliedert sich in sechs Hauptkapitel. Nach einer Einführung, die die Motivation und Zielsetzung der Arbeit darlegt, werden in Kapitel 2 die zum Verständnis notwendigen theoretischen Grundlagen und in Kapitel 3 der aktuelle Stand der Wissenschaft dargestellt. Kapitel 4 beschreibt die in dieser Arbeit verwendeten Materialien und Methoden. Hierbei werden neben den unterschiedlichen Carbon Nanotubes und den physikalischen Prinzipien der verwendeten Messmethoden auch die einzelnen Verfahrenschritte zur Herstellung von CNT-Sheets sowie CNT-Polymer-Komposit Flachmembranen erläutert. Die in Kapitel 5 vorgestellten Ergebnisse gliedern sich in drei wesentliche Aspekte. Erstens die Herstellung von CNT-Dispersionen und die Bewertung der Einflussgrößen. Hierbei zeigt sich bei der Untersuchung unterschiedlicher Dispergiermethoden wie Hochdruckdispergierung, Ultra-Turrax oder Kugelmühle, dass nur die Ultraschalldispergierung in der Lage ist, die Kräfte aufzubringen, die für das Aufbrechen von CNT-Agglomeraten sowie zur homogene Verteilung isolierter Nanotubes notwendig sind. Beim Vergleich unterschiedlicher Lösemittel wurde die Dispergierfähigkeit in herkömmlichen Lösemitteln wie Ethanol, Aceton oder Dimethylformamid (DMF) mit weiteren Lösemitteln wie N-Methyl-2-pyrrolidon (NMP) und ionischen Flüssigkeiten verglichen. Es zeigt sich, dass neben NMP und NEP (N-Ethyl-2-pyrrolidon) auch Pyrrolidon und Pyridin gute CNT-Dispersionen ergeben. Grund hierfür ist möglicherweise die Ähnlichkeit der chemische Struktur der Stoffe. So weisen NEP, NMP und Pyrrolidon einen Ring aus vier Kohlenstoff und einem Stickstoffatom auf, im Fall von Pyridin handelt es sich um einen Benzolring, bei dem ein Stickstoffatom

Zusammenfassung

ein Kohlenstoffatom subsituiert. Untersuchungen zum Einfluss der Oberflächenenergie konnten die in der Literatur postulierte These bestätigen, dass sich CNTs besser dispergieren lassen, je ähnlicher sich die Oberflächenenergien von CNT und Lösemittel sind. Eine Annäherung der Oberflächenenergie von CNTs an die Oberflächenenergie des Lösemittels wurde mittels Plasmamodifkation durchgeführt, und somit eine verbesserte Dispergierbarkeit erreicht.

Als zweiter Aspekt wurde die Einsatzmöglichkeit von reinen CNT-Sheets (Bucky Papern) als Membran untersucht. Hierzu wurden drei Ansätze verfolgt: Schaltbare Membranen, Adsorptionsmembranen und heizbare Membranen. Während im Fall der Adsorptionsmembranen sowie der heizbaren Membranen die grundsätzliche Machbarkeit gezeigt werden konnte, muss der Einsatz von CNT-Sheets als schaltbare Membranen als nicht realisierbar angesehen werden. In keiner Messung konnte ein Einfluss eines elektrischen Feldes auf die Filtrationseigenschaften nachgewiesen werden.

Der dritte Aspekt setzt den Schwerpunkt auf die Herstellung und Charakterisierung von CNT-Polymer-Kompositen für den Einsatz als Flachmembranen. Die Erkenntnisse der Dispergierversuche wurden genutzt, um aus optimierten CNT-Dispersionen Polymer-Komposite in Form von Polysulfon-Flachmembranen herzustellen. Optische Messungen zeigten, dass auch bei einer optimalen Vereinzelung und homogenen Verteilung von CNTs, ein Füllgrad von 1 Gew.-% ausreicht, um ein Absenken der Transmission von 80 % auf 50 % zu bewirken. Durch geeignete Wahl der Dispergierparameter konnte jedoch eine elektrische Leitfähigkeit von bis zu 1 S/m erreicht werden. Die hergestellten Membranen zeigen vielversprechende erste Ergebnisse, z.B. in ihren Separationseigenschaften. Ein systematischer Zusammenhang zwischen Füllgrad und Membraneigenschaften, wie elektrischer Leitfähigkeit oder mittlerem Porendurchmesser, konnte jedoch noch nicht experimentell bestätigt werden.

Kapitel 6 schließt diese Arbeit mit einer Zusammenfassung und einem Ausblick ab. Dank der durchgeführten Experimente sowie der gewonnenen Erkenntnisse und Schlussfolgerungen können in Zukunft optimierte CNT-Dispersionen aus unterschiedlichem MWCNT-Rohmaterial hergestellt werden. Es ist dadurch möglich, Polymer-Komposite herzustellen, die eine homogene Verteilung vereinzelter CNTs zeigen und somit bereits bei geringen Füllgraden signifikante Veränderungen in physikalischen Eigenschaften wie z.B. der elektrischen Leitfähigkeit aufweisen. Eine Optimierung sollte jedoch auf das Polymersystem angepasst werden.

Die in dieser Arbeit gewonnenen Ergebnisse können genutzt werden, um den „bottleneck" der schlechten Dispergierbarkeit von Carbon Nanotubes teilweise zu beseitigen. Dies ist ein wichtiger Schritt, um in Zukunft die Eigenschaften dieses außergewöhnlichen Materials in industriellem Maßstab nutzen zu können.

Abstract

Since their discovery in 1991, Carbon Nanotubes (CNTs) are one of the most investigated materials in the scientific community. The motivation for this immense interest reside with the extraordinary physical properties of CNTs, including the mechanical strength, the large electrical and thermal conductivity of these materials. Although these materials promise great technological advances across several fields, the application of CNTs in macroscopic products requires homogenous dispersation of the nanotubes. Subsequent to their fabrication, given current means, CNTs exist as agglomerates. This agglomerate material has to be entangled and homogenously distributed in solvent prior to polymer disturbation. The dispersion process is a crucial step in the process engineering of Carbon Nanotubes and the limiting factor/bottleneck of this technology.

The aim of this work is a systematic investigation of the dispersion process of Carbon Nanotubes in order to evaluate the influence of different parameters on the production of optimized aqueous, as well as solvent based CNT-dispersions. From these dispersions, pure CNT-membranes have been developed and characterized as well as polymer-composite-membranes.

This work contains six main chapters. After an introduction, which shows the motivation and the aim of the work, the theoretical principles are discussed in chapter 2 followed by a review on the state of the art in this technology in chapter 3. Materials and methods used in this work are explained in chapter 4. Here the different Carbon Nanotubes and the physical principles of the analytic methods will be shown. Moreover the single process steps of the CNT-sheets and CNT-polymer-composites will be discussed.

The results shown in chapter 5 are divided in three parts. First, the production of CNT dispersions and the evaluation of relevant parameters. By investigating different dispersing methods like high pressure dispersion, Ultra-Turrax or ball milling, one can figure out, that only ultrasonic treatment is able to create such forces, that are necessary for breaking CNT agglomerates and for creating a homogeneous distribution. The influence of the solvent was testes by comparing common solvents like ethanol, acetone or dimethylformamide (DMF) with more specific solvents like N-Methyl-2-pyrrolidone (NMP) or ionic liquids. As a result it is demonstrated, that beside NMP and NEP (N-Ethyl-2-pyrrolidone) pyrrolidone and pyridine are working sufficient. The reason for this is probably the similar chemical structure: A ring of four carbon atoms and one nitrogen atom (NEP, NMP, Pyrrolidone) and a benzene-ring with one carbon atom being substituted by a nitrogen atom (Pyridin).

Abstract

Experiments regarding the influence of the surface energy testified the hypothesis postulated in literature, that CNTs are dispersing better the closer surface energy of CNT and solvents are. In this study an approximation of the surface energy of Carbon Nanotubes to the surface energy of the solvent was reached by plasma treatment. With this treatment, an improved dispersibility was succeeded.

As a second issue, the applicability of CNT-sheets (Bucky Paper) as membranes is discussed. Three approaches were taken: switchable membranes, adsorption membranes, and heat able membranes. In case of adsorption and heat able membranes a proof of concept was given. In case of switchable membranes, the use of CNT for this application was deemed to not meet performance standards. All the measurements performed showed no influence of an electric field on the filtration behaviour of the membrane.

The third part addresses the production and characterisation of CNT-polymer-composites for their application as flat membranes. The results of the dispersion experiments have been used to fabricate polymer-composites in form of polysulfone flat membranes out of optimized CNT-dispersions. Optical measurements showed that even at low filler ratios of 1 wt.-% the transmission is reduced from 80 % to 50 %. Nevertheless, by tuning the dispersion parameters, an electrical conductivity of up to $1\,S/m$ was achieved. The membranes produced in this work show promising results in several areas including the separation behaviour. A systematic correlation however, between filler ratio and membrane properties like electrical conductivity or average pore size could be not verified by the experiments performed.

Chapter 6 is completing this work with a summary and an outlook. Taking the experiments performed as a base, optimized CNT dispersion out of different MWCNT raw material can be produced in the future. With this, it is possible to develop polymer-composites that show a homogeneous dispersion of isolated CNTs and because of this, significant changes in physical properties like electrical conductivity even at very low filler ratios. An optimization however has to be customized to the polymer system that is used.

The results of this work enable future searchers to overcome the current limitations of CNT process engineering to ease dispersibility of these materials. These findings will mitigate current processing costs, and facilitate researchers to harvest the extraordinary properties of CNTs in a range of industrial applications.

Résumé

Depuis leur découverte en 1991, les nanotubes de carbone (CNT) ont suscité un vif intérêt au sein de la recherche internationale. Cela s'explique par leurs propriétés physiques extraordinaires, parmi lesquelles leur grande résistance mécanique, leur conductivité électrique élevée ou leur conductivité thermique très importante. Pour pouvoir utiliser les nanotubes de carbone dans des traitements macroscopiques, ils doivent être isolés et répartis de façon homogène dans un solvant, puis dans un polymère. Cela nécessite donc une dispersion, alors même que leur processus de production conduit à des agglomérats de nanotubes. Cette distribution constitue aujourd'hui l'étape la plus difficile dans la transformation des nanotubes de carbone.

Ainsi, le l'objet de ce travail consiste à analyser de façon systématique le comportement de dispersion des nanotubes de carbone et à évaluer les paramètres qui entrent en jeu dans la production d'une dispersion optimale, tant dans une solution aqueuse que dans un solvant organique. De ces dispersions ont été développées et caractérisées deux types de membranes : des membranes uniquement composées de CNT, et des membranes composites CNT-polymère.

Le présent rapport se compose de six chapitres principaux. L'introduction présente les motivations et la finalité de ces recherches. Le chapitre 2 rappelle les fondamentaux théoriques nécessaires à leur bonne compréhension et le chapitre 3 résume l'état de la connaissance actuelle. Le chapitre 4 présente les matériaux et méthodes utilisés. C'est alors que sont expliqués les différents nanotubes de carbone et principes physiques des méthodes utilisés, mais aussi que sont détaillées chacune des étapes conduisant à la production de feuilles de CNT (Bucky-paper) et de membranes composites CNT-polymère.

Les résultats décrits dans le chapitre 5 sont présentés sous trois aspects. D'une part, le processus de dispersion des nanotubes de carbone et l'évaluation de l'influence des différents paramètres. On constate alors, que parmi les quatre méthodes de dispersion utilisées (la dispersion haute-pression, la méthode Ultra-turrax, le moulin à billes et la dispersion par ultrason), seule la méthode de dispersion par ultrason suscite assez de force pour rompre les agglomérats de nanotubes de carbone et pour obtenir une dispersion homogène des nanotubes isolés. La capacité de dispersion a été testée par comparaison de solvants habituels, tels que l'éthanol, l'acétone ou le diméthylformamide (DMF), avec des solvants spécifiques comme le N-méthyl-2-pyrrolidone (NMP) et des liquides ioniques. Il en ressort qu'une dispersion satisfaisante est obtenue par l'utilisation soit de NMP ou NEP (N-Ethyl-2-pyrrolidone), soit de pyrrolidone ou pyridine. Cela s'explique probablement par une structure chimique comparable, re-

Résumé

spectivement un anneau de quatre atomes de carbone et un de nitrogène (NEP, NMP, pyrrolidone), et un anneau de benzène dans lequel un atome de nitrogène se substitue à un atome de carbone (pyridine).

Les analyses réalisées de l'influence de l'énergie de surface confirment la littérature préexistante, et prouvent que la dispersion des nanotubes de carbone s'effectue d'autant mieux que l'énergie de surface des nanotubes de carbone et du solvant sont proches. Le rapprochement des énergies de surface des nanotubes de carbone et du solvant utilisé a été effectué par la méthode de la torche à plasma. Cette méthode a effectivement permis d'obtenir une meilleure dispersion.

D'autre part, ont été analysées les possibilités applicatives des feuilles composées d'un assemblage de nanotubes (Bucky papers) lorsqu'elles sont utilisées comme membranes. Trois approches ont été employées : les membranes variables, les membranes adsorptives, et les membranes chauffantes. Les possibilités des membranes variables et chauffantes se sont avérées concluantes, mais l'utilisation de membranes adsorptives doit être considérée comme irréalisable. Aucune expérience n'a par ailleurs permis de prouver l'influence d'un champ électrique dans les propriétés filtrantes.

Enfin, le troisième aspect insiste sur la production et la caractérisation des composites CNT-polymère dans leur utilisation comme membrane plane. Les connaissances tirées des tentatives de dispersion ont été mobilisées pour produire des composites polymères à partir des nanotubes dispersés de façon optimale. Le composite polymère produit est une membrane plane faite de polysulfone. Cependant, les mesures optiques ont montré qu'à partir de 1% de nanotubes de carbone insérés au composite, la capacité de transmission décroît de 80% à 50%. Mais en utilisant les paramètres optimaux, une conductivité électrique a été obtenue jusqu'à hauteur de $1\,S/m$. Les membranes ainsi produites ont montré de premiers résultats prometteurs, notamment dans leurs propriétés de séparation. Une causalité systématique entre le taux de remplissage et les propriétés de la membrane, comme la conductivité électrique ou le diamètre moyen des pores, n'a cependant pas pu être établie par les expériences réalisées.

Le chapitre 6 conclut ce travail par un résumé et les perspectives scientifiques. Grâce aux expériences conduites, et aux connaissances accumulées, des dispersions optimisées de nanotubes pourront être produites à partir de différents matériaux MWCNT. Il est donc possible de produire des composites polymères qui disposent d'une dispersion homogène de nanotubes isolés et, même avec un faible taux de remplissage, montrent des changements significatifs de leurs propriétés physiques telles que la conductivité électrique. L'optimisation doit être adaptée au système polymère utilisé.

Les résultats tirés de ce travail peuvent être utilisés en partie pour résoudre le défi de la mauvaise dispersion des nanotubes de carbone. C'est un pas important vers l'utilisation en quantité industrielle de ce matériau extraordinaire.

Abkürzungsverzeichnis

AFM	*atomic force microscopy* - Rasterkraftmikroskopie
BET	Methode nach Brunauer-Emmett-Teller zur Bestimmung der spezifischen Oberfläche
CCVD	*catalytic chemical vapor deposition* - katalysierte chemische Gasphasenabscheidung
CNT	*carbon nanotube* - Kohlenstoffnanoröhre
CVD	*chemical vapor deposition* - chemische Gasphasenabscheidung
DWCNT	*double-walled carbon nanotube* - Kohlenstoffnanoröhren mit zwei konzentrischen Röhren
EDX	*energy dispersive X-ray spectroscopy* -energiedispersive Röntgenspektroskopie
HiPCO	*high pressure carbon-monoxide* – spezieller Herstellungsprozess für SWCNTs
HOPG	*highly oriented pyrolitic graphite* - hoch geordnetes synthetisches Graphit
IR	Infrarot-Spektroskopie
MWCNT	*multiwalled carbon nanotube* - Kohlenstoffnanoröhren mit mehreren konzentrischen Röhren
NEP	N-Ethyl-2-pyrrolidon
NMP	N-Methyl-2-pyrrolidon
PC	Polycarbonat
PSU	Polysulfon
REM	Rasterelektronenmikroskopie
RIE	*reactive ion etching* - reaktives Ionenätzen
SDS	*sodium dodecyl sulfat* - Natriumdodecylsulfat
SWCNT	*single-walled carbon nanotube* - einwandige Kohlenstoffnanoröhren
TEM	Transmissionselektronenmikroskopie
TGA	Thermogravimetrische Analyse
VGCF	*vapor grown carbon fibers* – Kohlenstofffasern
XPS	*X-ray photoelectron spectroscopy* - Röntgen-Photoelektronenspektroskopie
XRD	*X-ray diffraction* - Röntgenbeugung

Teil II

Hauptteil

Kapitel 1

Einleitung

Carbon Nanotubes (CNTs), zu deutsch Kohlenstoffnanoröhren, sind neben Fullerenen, Graphen und Diamant eine allotrope Modifikation des Kohlenstoffs, die erst seit 1991 gezielt hergestellt, charakterisiert und verarbeitet werden kann. Auf Grund ihrer außergewöhnlichen physikalischen Eigenschaften werden sie gerne als das Material des 21. Jahrhunderts bezeichnet.

Dies zeigt sich auch daran, dass diese Kohlenstoffnanomaterialien Gegenstand unzähliger Forschungsaktivitäten sind und in nahezu allen naturwissenschaftlichen Disziplinen eine Rolle spielen. Neben der Grundlagenforschung zum besseren Verständnis dieses Materials, wird in der anwendungsorientierten Forschung bereits gezielt an der Verarbeitung der Carbon Nanotubes geforscht, um sie in allen wichtigen Bereichen wie zum Beispiel der Nutzung regenerativer Energiequellen, leistungsfähiger Energiespeicher, nachhaltiger chemischer Technologien, neuartiger CNT-Polymer-Kompositen oder organisch-elektronischen Materialien einzusetzen und Produkte mit innovativen Eigenschaften zu entwickeln. Die Verarbeitung der CNTs zeigt jedoch, dass sich dieses Material in vielen Fällen anders verhält als bekannte Materialien. Hier entsteht gerade an der Schnittstelle zwischen Grundlagenforschung und der industriellen Verarbeitung Forschungsbedarf.

Daraus ergibt sich die Motivation und Zielsetzung dieser Forschungsarbeit.

Kapitel 1 Einleitung

1.1 Motivation der Arbeit

Kaum ein anderes Forschungsgebiet ist in den letzten beiden Jahrzehnten so rasant gewachsen wie die Erforschung der Carbon Nanotubes. Seit ihrer Entdeckung im Jahr 1991 durch Ijiima ist die Zahl der Veröffentlichungen zum Thema CNT bis ins Jahr 2009 nahezu exponentiell auf knapp 15000 Publikationen pro Jahr angestiegen, wie Abbildung Abb. 1.1 verdeutlicht.

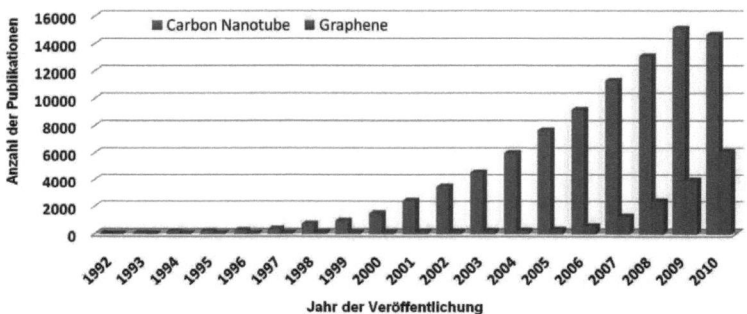

Abbildung 1.1: *Entwicklung der Veröffentlichungen zu Carbon Nanotubes und Graphen [Zahlen: ISI Web of Knowledge].*

Diese einmalige rasante Verbreitung eines Forschungsgebietes ist in den letzten Jahren höchstens noch bei dem den CNTs sehr verwandten Material Graphen zu beobachten. Auch hier wächst die Anzahl an Veröffentlichungen seit den Forschungsarbeiten von Geim und Novoselov, die im Jahr 2010 mit einem Nobelpreis ausgezeichnet wurden, exponentiell an. Viele Forschergruppen, die sich nun mit Graphen beschäftigen, haben zuvor an Carbon Nanotubes geforscht. Dies erklärt auch den leichten Rückgang an CNT Veröffentlichungen seit 2010.

Da bisher erst wenige CNT basierte Produkte am Markt sind, stellt sich die Frage, ob diese beeindruckende Entwicklung nur ein Hype darstellt, der in wenigen Jahren verflogen ist oder ob die Chancen, die Carbon Nanotubes bieten, tatsächlich so groß sind, dass ein derartiger Forschungsaufwand gerechtfertigt ist? Dies lässt sich anhand des von Jackie Fenn im Jahr 1995 allgemein postulierten Hype-Zyklus für Innovationen aufzeigen. In Abbildung 1.2 ist dieser Hype-Zyklus für Carbon Nanotubes dargestellt.

1.1 Motivation der Arbeit

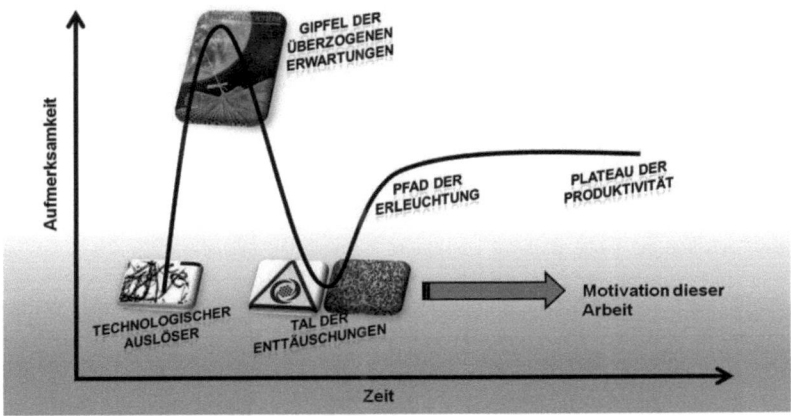

Abbildung 1.2: *Typischer Entwicklungszyklus von innovativen Technologien nach Gartner [FGR10] angepasst an die CNT-Forschung.*

Er beginnt mit dem **technologischen Auslöser**, der, obwohl CNTs schon 1952 durch Radushkevich und Lukyanovich in TEM-Bildern gesehen wurden, mit der Nature-Publikation von Sumio Iijima 1991 mit dem Titel „Helical microtubules of graphitic carbon". Durch die frühzeitig erkannten einzigartigen Eigenschaften von Carbon Nanotubes und der Möglichkeit, sie nun gezielt herzustellen, wurden sie im Zusammenhang mit einer großen Anzahl an bahnbrechenden Technologien und Produkten genannt und die CNT-Community wuchs rasant an. Dies resultierte im sogenannten **Gipfel der überzogenen Erwartungen**. Beispielhaft soll hier das Titelbild der Fachzeitschrift American Scientist genannt werden, auf dem ein Weltraumfahrstuhl zu sehen ist, der an einem Seil aus CNTs entlang fährt. Hintergrund dieses Artikels ist die Tatsache, dass CNTs das einzige Material sind, das auf Grund seines Zugfestigkeit-zu-Gewicht-Verhältnisses auf solch einer Länge nicht unter dem Eigengewicht reißen würde. Dies ist jedoch nur ein theoretischer Wert, die Herstellung quasi unendlich langer Nanotubes ist bisher nicht möglich.

Trotz weltweiter Forschungsaktivitäten gelang es in den folgenden Jahren nur wenige industrielle Anwendungen für CNTs zu realisieren, die kommerziell verfügbar sind. Abgesehen von einigen Sportartikeln sowie Nischenanwendungen in der Elektronik (kalte

Kapitel 1 Einleitung

Feldemitter) sind bis heute kaum Produkte auf dem Markt erhältlich, die auf Grund von Carbon Nanotubes einzigartige, d.h. signifikant verbesserte Eigenschaften aufweisen. Dieser, von Gartner [FGR10] als **Tal der Enttäuschung** beschriebene Dämpfer der CNT Forschung hatte vor allem zwei Gründe. Zum einen die bis heute nicht ausreichend geklärte Frage nach der Toxizität von CNTs. Zum anderen die Schwierigkeiten bei der Verarbeitung von Carbon Nanotubes zu Produkten.

Sämtliche Forschergruppen, die sich weltweit mit Carbon Nanotubes beschäftigen, sind sich darüber einig, dass für eine breite industrielle Anwendung der CNTs ein wesentlicher „bottleneck" überwunden werden muss: Die schlechte Dispergierbarkeit von CNTs und die daraus resultierenden Schwierigkeiten, die herausragenden Eigenschaften von CNTs auf makroskopische Produkte wie z.B. Polymer-Komposite zu übertragen.

Betrachtet man die Anzahl an Veröffentlichungen zum Thema „Dispergierung von Carbon Nanotubes" (siehe Abbildung 1.3), so ist zwar ebenfalls ein exponentieller Anstieg zu verzeichnen, jedoch ist die absolute Anzahl sehr gering. Jedes Jahr beschäftigen sich nur ca. 5 % aller CNT Publikationen mit der Dispergierung, obwohl das Problem der Dispergierung bis heute noch nicht hinreichend erforscht und gelöst ist.

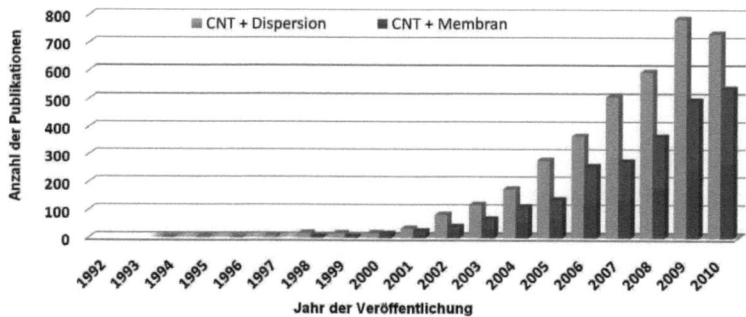

Abbildung 1.3: *Entwicklung der Veröffentlichungen zu Carbon Nanotube Dispersionen sowie Carbon Nanotubes in der Membrantechnik [Zahlen: ISI Web of Knowledge].*

Aus dieser Betrachtung ergibt sich die Motivation dieser Arbeit: Um die herausragenden Eigenschaften von Carbon Nanotubes sinnvoll nutzen zu können, muss deren

Vereinzelung und Dispergierung in Lösemitteln beherrscht werden. Nur so ist eine Weiterverarbeitung beispielsweise zu Polymer-Kompositen möglich.

Gelingt es in Zukunft, die Schwierigkeiten der CNT-Dispergierung zu überwinden, so wird die Entwicklung von Carbon Nanotubes auch weiterhin der in Abbildung 1.2 dargestellten Kurve folgen. Dies bedeutet, dass in den kommenden Jahren ein erneuter Anstieg zu beobachten sein wird. Angetrieben durch realistische Einschätzungen der Chancen und Grenzen sowie soliden Entwicklungen, wird ein Plateau der Forschungsaktivitäten erreicht werden. Die Vorteile von CNT-Produkten werden dann anerkannt und akzeptiert werden, wenn diese tatsächliche Vorteile gegenüber Materialien wie Carbon Black oder anderen Füllstoffen aufweisen und CNTs nicht nur aus marketing-technischen Gründen eingesetzt werden. Ob CNT-Produkte jedoch in Zukunft in Massenprodukten eingesetzt werden oder nur in Nischenmärkten anzutreffen sind, ist derzeit noch nicht absehbar und hängt, wie oben ausgeführt, auch davon ab, noch offene Fragen zur Vereinzelung, Dispergierung und Verarbeitung von CNTs zu beantworten. Hier setzt die Zielsetzung dieser Arbeit an.

1.2 Zielsetzung dieser Arbeit

Ziel dieser Arbeit ist es, ein grundlegendes Verständnis zur Dispergierung von CNTs zu erarbeiten und dieses dann auf die Herstellung von Polymer-Kompositen sowie daraus hergestellten Membranen zu übertragen. Dazu werden verschiedene Dispergierungsmethoden verglichen und anhand der geeignetsten Methode maßgebliche Einflussgrößen wie Art des Dispergiermittels, Zeit, Viskosität, Zentrifugationsschritt, aber auch der Einfluss der Qualität der CNTs, je nach Hersteller, bewertet. Des Weiteren wird eine aus der Literatur bekannte theoretische Überlegung zum Einfluss der Oberflächenenergie auf die Dispergierfähigkeit experimentell überprüft. Die CNT-Dispersionen werden dann in zwei Zielrichtungen optimiert.

Zum einen werden wässrige Dispersionen hergestellt, die als Basis für die Herstellung sogenannter Bucky Paper, reiner CNT-Sheets, verwendet werden. Diese sollen direkt als Membranen eingesetzt werden können: in Form von Adsorptionsmembranen, Membranen, die durch Anlegen eines elektrischen Feldes ihre Trenneigenschaften ändern oder durch resistive Heizung leicht zu „reinigen" sind (Antifouling-Eigenschaften). Hier soll geprüft werden, ob diese, aus theoretischen Überlegungen abgeleiteten An-

Kapitel 1 Einleitung

wendungen, realisierbar sind.

Zum anderen sollen Dispersionen in Lösemitteln hergestellt werden, die für die Verarbeitung zu CNT-Polymer-Kompositen geeignet sind. Auch hier gilt es, die spezifischen Schwierigkeiten herauszuarbeiten und wenn möglich zu lösen. Aus guten CNT-Polymerdispersionen sollen dann Flachmembranen hergestellt und anschließend auf ihre Membraneigenschaften getestet werden.

Die vorliegende Forschungsarbeit soll also CNT-Dispersionen durch methodische Untersuchungen charakterisieren, Schwierigkeiten bei der Verarbeitung des Trendmaterials Carbon Nanotubes klar aufzeigen und benennen, idealerweise Lösungsansätze anführen um letztendlich Handlungsempfehlungen zur Dispergierung unterschiedlichster CNT Materialien und unterschiedlicher Einsatzzwecke geben zu können.

Aus diesen Zielen ergibt sich die Gliederung dieser Arbeit. Nach einer Einführung in die Grundlagen der Carbon Nanotubes in Kapitel 2 und der Darstellung des Stands der Wissenschaft in Kapitel 3, werden in Kapitel 4 die in dieser Arbeit verwendeten Materialien und Messmethoden erläutert.

In Kapitel 5 werden die Ergebnisse der in dieser Arbeit durchgeführten experimentellen Untersuchungen dargelegt und diskutiert. Die Untergliederung folgt auch hier der Zielsetzung. So werden zunächst Ergebnisse der Dispersionsoptimierung erläutert (Kap. 5.1), anschließend mögliche Anwendungen von CNTs in Membranen beschrieben (Kap. 5.2) und schließlich die Resultate zu Untersuchungen an CNT-Polymer-Kompositen dargelegt (Kap. 5.3). Kapitel 6 schließt diese Arbeit mit einer Zusammenfassung und einem Ausblick ab. Die zitierte Literatur sowie Anhänge finden sich in Kapitel 7 und 8.

Kapitel 2

Theoretische Grundlagen

2.1 Grundlegende Bemerkungen zu Kohlenstoffnanoröhren

Rollt man in Gedanken eine Lage Graphit, so genanntes Graphen, auf, so erhält man eine Röhre aus Kohlenstoff - eine Kohlenstoffnanoröhre, oder englisch Carbon Nanotube (CNT). Die beiden Begriffe werden synonym verwendet, auf Grund der weitaus geläufigeren Bezeichnung Carbon Nanotube, auch im deutschsprachigen Raum, wird in dieser Arbeit vorwiegend dieser Begriff verwendet.

Carbon Nanotubes bestehen ausschließlich aus Kohlenstoffatomen und weisen im Inneren einen zylindrischen Hohlraum auf. Bestehen Nanoröhren aus nur einer Graphenlage, so spricht man von Single Walled Carbon Nanotubes (SWCNT), oder zu deutsch, einwandige Kohlenstoffnanoröhren. Mehrere dieser Röhren konzentrisch umeinander ergeben eine so genannte mehrwandige Kohlenstoffnanoröhre (engl. Multi Walled Carbon Nanotube (MWCNT)). Dieses Material wurde in dieser Arbeit verwendet und untersucht.

Im Folgenden wird nun auf die Geschichte der Nanotubes, ihre Herstellungsverfahren, die strukturellen Eigenschaften sowie auf mögliche Anwendungen eingegangen. Darüber hinaus werden zum Vergleich auch die beiden anderen Kohlenstoffmodifikationen, die Fullerene und das Graphen, näher erläutert. Der Vollständigkeit halber soll nicht unerwähnt bleiben, dass mittlerweile auch in zahlreichen Publikationen andere Nanotubes, die nicht ausschließlich aus Kohlenstoffatomen bestehen, beschrieben werden. Diese Nanotubes sind zum Beispiel mit Stickstoff [GCPR08] oder Bor [MGG+05] dotiert.

2.1.1 Geschichte und Entdeckung

Die Geschichte der Erforschung der Kohlenstoffmodifikationen begann eigentlich mit der Entdeckung der sogenannten Fullerene. Diese fussballähnlichen Strukturen aus reinem sp^2-hybridisierten Kohlenstoff wurden erstmals von dem japanischen Forscher Eiji Osawa im Jahr 1970 theoretisch vorhergesagt und berechnet [Osa70]. Da seine Veröffentlichungen in japanischer Sprache verfasst waren, fanden die Ergebnisse noch keine große Beachtung. Bereits zuvor gab es Spekulationen durch den Forscher D.E.H.Jones [Jon66] über die Existenz solcher Hohlstrukturen, die ausschließlich aus Kohlenstoffatomen aufgebaut sind, doch auch diese Arbeiten fanden kaum Aufmerksamkeit.

Erst die Veröffentlichung in Nature 1985 von Robert F. Curl jr. (USA), Sir Harold W. Kroto (England) und Richard E. Smalley (USA) [KHO+85] brachte die Fullerene ins Licht der Öffentlichkeit und den Forschern dafür den Nobelpreis für Chemie im Jahre 1996. Interessant ist die Entdeckung von Fullerenen im Weltraum im Jahr 2010 durch Infrarotaufnahmen des Teleskops Spitzer [EF10]. Dadurch sind Fullerene die größten bisher gefundenen Moleküle im All.

Namenspatron der Fullerene ist überraschenderweise kein Wissenschaftler sondern der Architekt Richard Buckminster Fuller. Er konstruierte verschiedene geodätische Kuppeln, die in ihrer Struktur aus Fünf- und Sechsecken der Struktur des besterforschten Fullerenes C_{60} ähneln, unter anderem die Biosphère in Montreal, die anlässlich der Weltausstellung 1967 gebaut wurde (siehe Abbildung 2.1). Vom Nachnamen des Architekten leitet sich die Bezeichnung Fullerene ab, sein Spitzname „Bucky" war Namensgeber für die Bezeichung Bucky Balls (ebenfalls für Fullerene) sowie für Bucky Paper (papierähnliche Struktur aus Carbon Nanotubes) [Krü07].

Die Entdeckung der Carbon Nanotubes ist eng mit der Erforschung der Fullerene verknüpft. Der japanische Forscher Sumio Iijima wollte Fullerene durch Funkenentladung zwischen zwei Graphitelektronen herstellen. Bei der Analyse der Reaktionsprodukte im Transmissionselektronenmikroskop (TEM) fand er röhrenförmige Strukturen, die er

2.1 Grundlegende Bemerkungen zu Kohlenstoffnanoröhren

Abbildung 2.1: *Glaskuppel „Biosphère" (Geodätischer Dom) anlässlich der Weltausstellung 1967 in Montréal von Architekt Richard Buckminster Fuller (Bucky).* [Foto: privat]

in einer Publikation 1991 erstmals Carbon Nanotubes nannte [Iij91]. Diese englischsprachige Veröffentlichung gilt allgemein als Entdeckung der mehrwandigen Kohlenstoffnanoröhrchen (MWCNT), auch wenn bereits 1952 Forscher in russischer Sprache die Existenz solcher Kohlenstoffstrukturen beschrieben hatten [Rad52]. Auch M. Endo beschrieb bereits 1976 konzentrisch angeordnete, röhrenförmige Strukturen im Inneren von Kohlenstofffasern, die er „graphitized carbon fibres" nannte, und schlug einen katalytischen Wachstumsmechanismus vor [OEK76].

Die Entdeckung der Single Walled Carbon Nanotubes (SWCNT), also Nanotubes, die nur aus einer einzigen Kohlenstoffschicht bestehen, fand zwei Jahre später im Jahr 1993 statt [Iij93].

Schon länger bekannt sind Kohlenstofffasern, die bereits in vielen Werkstoffen eingesetzt werden. Durch den Fasergehalt sollen hauptsächlich mechanische Eigenschaften verbessert und die Werkstoffe robuster gegen äußere Belastung werden. Beispiele sind kohlenstofffaserverstärkte Materialien für Sportgeräte wie Skier oder Tennisschläger oder Hightech Verbundwerkstoffe, wie sie in der Formel 1 Einsatz finden [Krü07]. Kohlenstofffasern können durch einen Spinnprozess in nahezu beliebiger Länge hergestellt werden. Durch eine anschließende Verarbeitung, die einem Webprozess analog der Herstellung von Textilien entspricht, können Eigenschaften von Kohlenstofffasern in makroskopische Produkte überführt werden.

Diese Kohlenstofffasern sind jedoch nicht mit Carbon Nanotubes zu verwechseln, sie unterscheiden sich in einer geringeren elektrischen Leitfähigkeit, der teilweise eher amorphen Struktur und natürlich in den äußeren Abmessungen. Bei Kohlenstofffasern sind Durchmesser von fünf bis acht Mikrometer typisch, bei Kohlenstoffnanoröhren liegt man bei SWCNT einen Faktor 1000 darunter, die kleinsten SWCNTs haben einen Durchmesser von 1.0 bis 1.2 nm [GSI08]. MWCNTs liegen typischerweise im Bereich 10 bis 50 nm [RTM04].

Ein Material, das in den letzten Jahren für ähnlich viel Furore gesorgt hat wie CNTs ist eine weitere Kohlenstoffmodifikation, die hier der Vollständigkeit halber aufgeführt werden soll: Graphen. Diese Struktur, bei der jedes Kohlenstoffatom von drei weiteren Kohlenstoffatomen umgeben ist, entspricht einer Verkettung von Benzolringen mit vollständig delokalisiertem π-Elektronensystem. Erste Veröffentlichungen gehen zurück bis ins Jahr 1859, als Benjamin Collins Brodie jr. die lamellare Struktur von reduziertem Graphitoxid beschrieb [Bro59]. Den Durchbruch hatte die Graphenforschung jedoch erst 2004, als der Gruppe um Andre Geim in Manchester die Präparation von freien, einschichtigen Graphitkristallen gelang [NGM+04] [MGK+07]. Geim und sein Mitarbeiter Konstantin Novoselov wurden hierfür 2010 mit dem Nobelpreis für Physik ausgezeichnet.

2.1.2 Herstellungsverfahren für Carbon Nanotubes

Im Rahmen dieser Arbeit wurden keine CNTs hergestellt. Es wurden ausschließlich Nanotubes von industriellen Herstellern und Projektpartnern für die eigenen Untersuchungen verwendet. Daher soll auf die Herstellung von Kohlenstoffnanoröhren nur kurz eingegangen werden. Da sich die Forschungsarbeiten auf mehrwandige CNTs konzentrierten, werden im Folgenden auch hauptsächlich die Herstellungsvarianten für MW-CNTs sowie sehr knapp ein spezielles Verfahren für SWCNTs erläutert. Die Synthese von SWCNTs ist in gängiger Literatur nachzulesen, z.B. bei [DDA01]. Grundsätzlich stehen für die Erzeugung von Carbon Nanotubes drei unterschiedliche Verfahren zur Verfügung: Lichtbogenentladung (Arc-discharge), Laserablation und chemische Gasphasenabscheidung (CVD von engl. Chemical vapour deposition). Diese Methoden werden im Folgenden näher schrieben.

Lichtbogenentladung

Die Lichtbogenentladung wird zur Herstellung von Fullerenen verwendet, weshalb es auch die Methode ist, mit der S. Iijima 1991 mehr oder weniger zufällig, die ersten CNTs herstellte. Einziger Unterschied zur Herstellung von Fullerenen ist der Abstand der Graphitelektroden, die sich bei der Fullerenerzeugung berühren (contact arcing), bei der Herstellung von CNTs jedoch einen gewissen Abstand bilden, über dem die angelegte Spannung in Form eines Lichtbogens abfällt. Zwischen einer Graphitanode und einer Graphitkathode wird in einem evakuierten Reaktorraum unter Inertgas (Druck ca. 630 mbar) eine Spannung von ca. 20 V angelegt. Die sich einstellenden Ströme liegen im Bereich 50 - 100 Ampere. Durch den entstehenden Lichtbogen wird das Graphitmaterial der Anode verdampft und in Form von Nanotubes an Kathode und anderen Reaktorteilen kondensiert. Die Nachführgeschwindigkeit der sich verbrauchenden Anode liegt typischerweise in der Größenordnung von einem Millimeter pro Minute. Auf Grund der großen Wärmeentwicklung ist eine Kühlung von Kathode und Anode entscheidend für die Entstehung von Nanotubes. Daneben hat auch der Druck des Inertgases Einfluss auf den Prozess. Bei zu niedrigem Druck ist der Anteil an amorphen Kohlenstoffnanopartikeln im Vergleich zu Nanotubes zu groß. Ist der Druck zu hoch, sinkt jedoch die Gesamtausbeute. Optimale Druckverhältnisse lassen eine hohe Gesamtausbeute und ein Verhältnis von CNTs zu Nanopartikeln von 2:1 zu. Auch die Stromstärke muss in einem definierten Bereich liegen. Ist sie zu hoch, steigt der Anteil an hartem Sintermaterial, die CNT Ausbeute sinkt. Bei zu geringen Strömen ist der Lichtbogen nicht mehr stabil und eine kontinuierliche Verdampfung ist nicht mehr möglich.

MWCNTs, die durch Arc-discharge hergestellt werden, weisen bis zu 10 Lagen und Durchmesser zwischen 2 und 30 nm auf. Die typische Länge liegt bei ca. 1 µm. Die Qualität der MWCNTs ist hoch. Sie zeigen z.B. einen extrem hohen elektrischen Leitwert, der nahe am theoretischen Grenzwert von $7,75 \cdot 10^{-5} S$ liegt [Krü07]. Sie haben eine wenig gebogene Struktur mit asymmetrischer Spitze.

Die CNT-Herstellung durch Lichtbogenentladung konnte mittlerweile auch großtechnisch umgesetzt werden, die Elektroden bestehen hierbei aus Graphitstäben von mehreren Zentimetern Durchmesser. Eine kontinuierliche Prozessführung ist jedoch auf Grund des nötigen Elektrodenaustausches nur begrenzt möglich [RTM04].

Kapitel 2 Theoretische Grundlagen

Laserablation

Mittels Laserablation können sowohl SWCNTs als auch MWCNTs hergestellt werden. Ein fokussierter Laserstrahl wird auf ein Graphittarget gerichtet, welches dadurch verdampft wird. Bei der Herstellung von Single Walled CNTs wird ein Katalysator benötigt, bei der Darstellung mehrwandiger Nanoröhren wird auf einen Katalysator verzichtet. An kühlen Stellen des Reaktorraums werden die CNTs anschließend abgeschieden. Nanotubewachstum findet erst bei Temperaturen oberhalb 200 °C statt, typische Arbeitstemperaturen liegen bei 1200 °C. Nachteil dieses Verfahrens ist die relativ geringe MWCNT Ausbeute von rund 40 %, daneben werden amorpher Kohlenstoff, Fullerene und Kohlenstoffnanopartikel abgeschieden. Diese Nebenprodukte müssen in einem Aufreinigungsschritt entfernt werden.

Durch Laserablation erhält man vergleichsweise kurze CNTs mit einer Länge von einigen hundert Nanometern und typischerweise fünf bis 25 Kohlenstofflagen. Die CNTs weisen nur wenige Defekte auf und sind an den Enden verschlossen. Laserablation kann nicht großtechnisch betrieben werden, da es sich zum einen um keinen kontinuierlichen Prozess handelt, zum anderen die benötigte Energie so groß ist, dass eine wirtschaftliche Produktion nicht möglich ist. Aus diesem Grund, sowie der hohen Qualität der entstehenden Nanotubes, ist die Laserablation der Herstellungsprozess erster Wahl für die Synthese von einigen wenigen Milligramm MWCNTs hoher Güte für den Labormaßstab [Mey05].

Chemische Gasphasenabscheidung

Im Gegensatz zu den beiden oben beschriebenen Verfahren dient beim CVD-Prozess nicht Graphit, sondern ein kohlenstoffhaltiges Gas wie z.B. Ethin als Kohlenstoffquelle. Dieses strömt in einem temperierten Reaktorvolumen über ein mit Katalysatorpartikeln versehenes Substrat und wird dort zersetzt. Gleichzeitig wachsen die CNTs an den Katalysatorpartikeln, die meist aus Eisen, Kobalt, Nickel oder Mischungen dieser Elemente sowie weiterer Schwermetalle bestehen. Die Temperaturen des Reaktorraums betragen typischerweise 500 - 1000 °C. Eingesetzte Gase sind beispielsweise Methan, Ethen, Ethin oder Ethan. Um Defekte an den Nanoröhren zu vermeiden, muss der Probenraum vor Entnahme der Proben auf unter 300 °C abkühlen. Die Wachsumsgeschwindigkeiten der CNTs liegen zwischen wenigen Nanometern und einigen Mikrometern pro Minute und können durch die Reaktionsbedingungen gesteuert werden. Bei thermolabilen Sub-

2.1 Grundlegende Bemerkungen zu Kohlenstoffnanoröhren

straten ist eine Abscheidung bei hohen Temperaturen nicht möglich. Hierfür kann der Energieeintrag an Stelle der thermischen Einkopplung auch durch einen plasmaunterstützten CVD-Prozess (PECVD engl. *plasma enhanced chemical vapour deposition*) erfolgen. Durch PECVD ist es außerdem möglich, CNTs direkt auf dem Substratmaterial aufwachsen zu lassen, sofern der Katalysator dort vorher mikrostrukturiert aufgebracht wurde.

Weitere CVD-Varianten wie „hot filament CVD" oder „microwave assisted PECVD" sind möglich und z.B. bei [DDE96] näher erläutert. Bei sämtlichen CVD-Methoden ist jedoch ein Katalysator notwendig, um die Edukte zu zersetzen. Die zersetzten Edukte lagern sich bevorzugt ebenfalls an Katalysatorpartikeln, jedoch auch an Reaktorwänden an und reagieren zu Carbon Nanotubes. Der Katalysator sollte aus möglichst kleinen und gleichmäßigen Metallpartikeln bestehen, da durch seine Abmessungen die Größe der entstehenden Nanotubes mit beeinflusst wird. Bei zu großen Katalysatorpartikeln nimmt die Gesamtausbeute an CNTs ab, da sich auf dem Katalysator dann bervorzugt ein dünner, graphitischer Überzug ablagert und eine katalytische Aktivität behindert [DDE96]. Großtechnisch ist dieser Prozess das am meisten eingesetzte Verfahren, um MWCNTs in größeren Mengen zu produzieren. Hierzu wird z.B. von der Firma Bayer Materials Science ein spezieller vertikal ausgerichteter Fließbettreaktor verwendet. Hierbei wird ein Gemisch aus Prozess-, Wasserstoff- und Inertgas von unten durch den Reaktorraum geleitet. Der Katalysator wird in Form kleiner Partikel von oben eingebracht und trifft in der beheizten Reaktionszone auf die Gasmischung. Nach der Reaktion erhält man CNT-Agglomerate mit einem - laut Herstellerangaben - Kohlenstoffgehalt von mehr als 95 % [Aja99].

HiPCo-Verfahren

Abschließend sei noch ein viertes Verfahren erwähnt, das sich jedoch nur zur Herstellung von einwandigen Nanoröhren eignet, der sogenannte HiPCo (engl. *High-Pressure CO Conversion*) Prozess. Das Prinzip ist die Umsetzung von Kohlenstoffmonoxid (CO) an einem Eisenkatalysator unter hohem Druck. Dabei katalysiert die Oberfläche der aus Eisenpentacarbonyl erzeugten Eisencluster die Reaktion von Kohlenstoffmonoxid zu Kohlenstoffdioxid und Kohlenstoff. Dieser Kohlenstoff scheidet sich in Form von SWCNTs an den Katalysatorpartikeln ab. Typische Reaktionsbedingungen dieses Verfahrens sind Drücke von 30 bar, eine Temperatur von 1050 °C und Reaktionszeiten von

Kapitel 2 Theoretische Grundlagen

24 bis 72 Stunden. Pro Stunde können so bis zu 450 mg SWCNTs hergestellt werden. Carbon Nanotubes, die im HiPCo Prozess hergestellt wurden, zeigen eine sehr enge Durchmesserverteilung zwischen 1,0 und 1,4 nm. Da dieses Verfahren in einem kontinuierlichen Prozess betrieben werden kann, bietet es eine Möglichkeit, SWCNTs im Kilogrammmaßstab zu synthetisieren [Aja99].

2.1.3 Struktur von Carbon Nanotubes

Zur Erklärung der Struktur von Carbon Nanotubes ist es hilfreich, sich in Gedanken das Aufrollen einer Graphenebene vorzustellen. Die Art und Weise dieses Aufrollens der sp^2-hybridisierten, hexagonal angeordneten Kohlenstoffatome ist sowohl für die Bezeichnung der entstehenden Nanoröhre als auch für deren Eigenschaften verantwortlich. Zusätzlich können CNTs an den Enden offen oder geschlossen sein. Im folgenden Absatz soll kurz auf die Struktur von einwandigen Nanoröhren eingegangen werden, anschließend werden die Erläuterungen auf MWCNTs ausgeweitet.

Obwohl man CNTs als ein einzelnes, sehr großes Makromolekül aus Kohlenstoffatomen ansehen kann, ist eine Nomenklatur nach IUPAC (International Union of Pure and Applied Chemistry), wie sonst im Bereich der Chemie üblich, nur sehr schwer möglich. Dies liegt zum einen an der sehr großen Zahl der C-Atome (bis zu 10^5), zum anderen ist die Beschreibung der Anordnung und Symmetrie des Moleküls mit klassischen Bezeichnungen nahezu unmöglich. Daher wird für die Einteilung der CNTs der sogenannte Aufrollvektor verwendet, also der Vektor entlang welchen man die Graphenebene gedanklich aufrollt. Dies wird durch Abbildung 2.2 verdeutlicht. Der Aufrollvektor ergibt sich aus den Einheitsvektoren $\vec{a_1}$ und $\vec{a_2}$ der hexagonalen Einheitszelle sowie den vielfachen n, m zu

$$\vec{V} = m\vec{a_1} + n\vec{a_2}. \tag{2.1}$$

Demnach lassen sich drei unterschiedliche Klassen unterscheiden (siehe z.B. [DDA01]):

Zickzack-Nanoröhren (engl. zigzag carbon nanotubes) (n = 0 oder m = 0)
Rollt man eine Graphenebene entlang des Einheitsvektors $\vec{a_1}$ auf d.h. $\vartheta = 0°$, so zeigen die Enden einer offenen CNT als Defekt freien Abschluss eine zickzackförmige Struktur (Siehe Abb. 2.2).

2.1 Grundlegende Bemerkungen zu Kohlenstoffnanoröhren

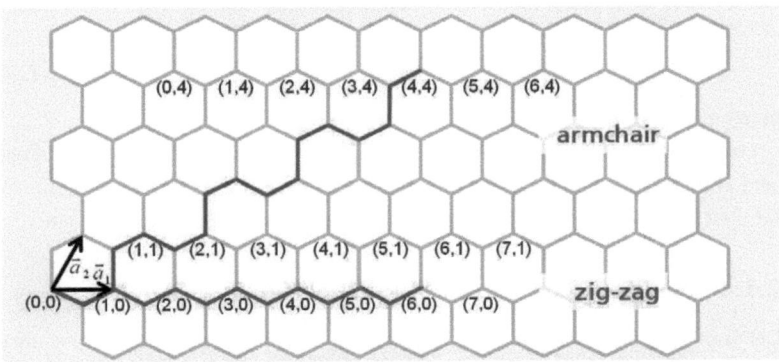

Abbildung 2.2: *Vektordiagramm einer Graphenlage. Der Aufrollvektor ergibt sich aus den Einheitsvektoren $\vec{a_1}$ und $\vec{a_2}$ der hexagonalen Einheitszelle (nach [DDA01]).*

Armchair-Nanoröhren (engl. armchair carbon nanotubes) (m = n)

Im Vergleich zu Zickzack-Nanoröhren wird hier die Graphenlage unter einem Winkel von 30° aufgerollt. Dadurch entsteht an den offenen Enden eine Kante aus den Seiten der letzten Sechserringe, die von der Form her an einen Sessel mit Armlehnen (engl. armchair) erinnert.

Chirale Nanoröhren

Wird die Graphenebene entlang eines Winkels Theta (0° < ϑ < 30°) aufgerollt, so entstehen so genannte chirale Nanotubes. Diese sind daran zu erkennen, dass auf der Nanoröhre eine Linie (die des Einheitsvektors $\vec{a_1}$) spiralförmig verläuft. Diese Arten von CNTs können also als Enantiomere vorliegen.

Die Nomenklatur einer einzelnen CNT ergibt sich aus dem Zahlenpaar (n,m), welches den Aufrollvektor beschreibt, der sowohl Struktur als auch Größe der entstehenden Nanotube definiert. Die beiden Einheitsvektoren $\vec{a_1}$ und $\vec{a_2}$ haben eine Länge von jeweils 0,246 nm. Dadurch lässt sich aus der Nanotubebezeichnung (n,m) leicht der Umfang nach

$$|\vec{C}| = |\vec{a}| \cdot \sqrt{n^2 + nm + m^2} \tag{2.2}$$

Kapitel 2 Theoretische Grundlagen

sowie der Durchmesser nach

$$d = \frac{1}{\pi}\left|\vec{C}\right| = \frac{|\vec{a}|}{\pi} \cdot \sqrt{n^2 + nm + m^2} \qquad (2.3)$$

berechnen.

Eine einwandige Nanoröhre, die man entlang des Vektors $n = 7$ und $m = 12$ aufrollt, wird also entsprechend als (7,12) Nanotube bezeichnet. Aus den Formeln ergibt sich für dieses Beispiel ein Umfang von 4,09 nm sowie ein Durchmesser von 1,30 nm.

2.1.4 Eigenschaften von Carbon Nanotubes

Der Grund für die weltweite Forschung an Carbon Nanotubes liegt in den herausragenden Eigenschaften des Rohmaterials. Im Folgenden soll nur ein kurzer Überblick über physikalische und chemische Eigenschaften von Kohlenstoffnanoröhrchen gegeben werden, Genaueres findet sich in zahlreicher Literatur und kann z.B. bei [DDA01], [Krü07], [SDDK98] oder [RTM04] nachgelesen werden.

Physikalische Eigenschaften

Die mechanischen Eigenschaften von einwandigen sowie mehrwandigen Kohlenstoffnanoröhrchen sind die ursprüngliche Motivation für die Foschungsaktivitäten rund um CNTs. Den Höhepunkt der Visionen stellte sicherlich die Titelseite des Magazins „American Scientist" dar, auf dem ein Weltraumfahrstuhl aus CNTs postuliert wurde. Im Gegensatz zu allen anderen Materialien besitzen CNTs eine solch hohe Zugfestigkeit pro Masse, dass ein solches CNT-Seil nicht unter der Eigenmasse zerreißen würde. Auch wenn ein Weltraumaufzug aus diversen anderen Gründen mittlerweile als Science Fiction eingestuft wird, ist die mechanische Festigkeit von CNTs unbestritten. Bei einer Dichte von 1,3-1,4 g/cm^3 weisen einwandige Nanotubes eine Zugfestigkeit von 30 GPa, mehrwandige Nanotubes sogar von bis zu 63 GPa auf. Dies stellt ein mehr als 100mal höheres Zugfestigkeit-zu-Dichte-Verhältnis dar als dies bei Stahl der Fall ist. Auch das Elastizitätsmodul ist mit gemessenen Werten von bis zu 4,15 TPa extrem hoch [RTM04].

Ebenfalls viel versprechend für industrielle Anwendungen sind die elektrischen Eigenschaften von Carbon Nanotubes. Hier sind besonders die Strombelastbarkeit, die in der Literatur mit Werten von bis zu 10^9 A/cm^2 angegeben wird und der geringe elektrische Widerstand zu nennen.

2.1 Grundlegende Bemerkungen zu Kohlenstoffnanoröhren

In makroskopischen Proben wird der Widerstand durch die Streuung an Gitterdefekten und Phononen beschrieben. Dadurch gilt das Ohm'sche Gesetz und der elektrische Widerstand hängt von Querschnitt und Länge der Probe ab. Im Bereich einiger Nanometer ist dies jedoch nicht mehr gegeben. Der Widerstand eines Nanodrahts ist unabhängig von dessen Länge, was durch den Ladungstransport in so genannten Leitungskanälen mit einem festen Widerstand von 13 kΩ erklärt werden kann. Dies gilt jedoch nur für absolut defektfreie Objekte. Durch Experimente konnte außerdem gezeigt werden, dass die Leitfähigkeit keine kontinuierliche Eigenschaft darstellt, sondern bei Erhöhung der angelegten Spannung quantisiert ansteigt. Bei einer Potentialdifferenz von 6 V wurde außerdem beobachtet, dass Nanotubes keinerlei Schäden aufweisen, was bei solchen spezifischen Stromstärken bei einem normalen, makroskopischen Leitungsmechanismus durch Überhitzung zu erwarten gewesen wäre. Elektronen legen also ihren Weg nahezu ohne Wechselwirkung mit dem Kohlenstoffgerüst zurück. Dies wird als *ballistischer Transport* bezeichnet. Die freie Weglänge eines Elektrons, also die Weglänge die ein Elektron ohne Stoß mit einem anderen Teilchen zurücklegt, wurde für CNTs mit 1 µm berechnet, Messungen ergaben Werte von mehr als 100 nm [RTM04]. Dies stellt extrem hohe Werte im Vergleich zu anderen elektrischen Leitern dar (Kupfer: 430 Å, Silber: 560 Å). Der extrem niedrige elektrische Widerstand einer Kohlenstoffnanoröhre erhöht sich in Anwesenheit von Defekten jedoch drastisch. Im Fall einer 400 nm langen SWCNT sinkt die elektrische Leitfähigkeit um drei Größenordnungen bei einer Defektdichte von nur 0,03 % [Krü07].

Weitere herausragende Eigenschaften von CNTs finden sich im Bereich der Spektroskopie. Die gezielte Ausnutzung dieser Eigenschaften stellen potentielle Anwendungsmöglichen dar, daneben dienen CNTs als quasi-eindimensionale Objekte zur Erfoschung grundlegender spektroskopischer Effekte und Phänomene. So zeigen CNTs zum Beispiel charakteristische Raman-Spektren, deren Auswertung zur Aufklärung der CNT-Struktur sowie der Materialcharakterisierung eingesetzt werden kann. Dies wurde im Rahmen einer Arbeit am Institut für Grenzflächenverfahrenstechnik ausführlich erforscht [Kat] und soll daher an dieser Stelle nicht näher erläutert werden.

Die Wärmeleitfähigkeit von Kohlenstoffnanoröhrchen stellt eine weitere nennenswerte physikalische Eigenschaft dar. Allgemein findet im Festkörper der Wärmetransport durch niederfrequente Phononen, also Gitterschwingungen statt. Entlang der CNT Achse kann die Wärmeleitfähigkeit κ_{zz} daher als Summe über alle Phononenzustände

Kapitel 2 Theoretische Grundlagen

mit jeweiliger Wärmekapazität C_{Ph} beschrieben werden, wobei v_z die Gruppengeschwindigkeit und τ die Relaxationszeit eines Phononenzustandes ist [Krü07]:

$$\kappa_{zz} = \sum C_{Ph} v_z^2 \tau. \tag{2.4}$$

Phononen mit hoher Geschwindigkeit tragen also stark zur Wärmeleitfähigkeit bei, weshalb CNTs entlang der Achse die höchste Wärmeleitfähigkeit aller Materialien aufweisen. Experimentelle Messungen bestätigen diese Aussage und belegen Wärmeleitfähigkeiten von bis zu 3000 Wm^{-1}K^{-1} im Fall von MWCNT sowie bis zu 3500 Wm^{-1}K^{-1} im Fall von SWCNT [PMW$^+$06]. Diese Messungen zeigen ein Maximum bei einer Temperatur von 310 K, was auf vermehrte Phononen-Phononen-Streuung bei höheren Temperaturen zurückzuführen ist [SDDK98].

Ebenfalls herausragende, wenn auch eher hinderliche Eigenschaften von CNTs sind die schlechte Löslichkeit und das hohe Agglomerationsbestreben von Kohlenstoffnanoröhrchen. Auf Grund des hohen Aspektverhältnisses ist die Ausbildung einer Lösung im klassischen Sinne eher unwahrscheinlich. Es kommt eher zur Ausbildung eines kolloidalen oder dispersen Systems. Daneben interagieren CNTs sehr stark über π-π-Wechselwirkungen, was eine starke Tendenz zur Agglomeratbildung zur Folge hat. Die Dispergierfähigkeit von CNTs ist Hauptgegenstand dieser Arbeit und wird daher an späteren Stellen noch ausführlich erörtert.

Chemische Eigenschaften

Neben den oben genannten physikalischen Eigenschaften zeigen CNTs auf Grund ihrer Struktur auch besondere chemische Eigenschaften. Besonders die Funktionalisierung, also die kovalente Anbindung chemischer Gruppen, ist Gegenstand zahlreicher Forschungsaktivitäten.

Grundsätzlich hängt die Reaktivität einer Nanotube stark von ihrem Radius ab. Die modellhafte Vorstellung einer aufgerollten Graphitebene gilt im Bezug auf die parallel stehenden und sich überlappenden π-Orbitale streng nur für CNTs mit unendlich großem Radius. Je kleiner die Nanotubes sind, also je stärker die Krümmung, desto mehr vermischen sich π- und σ-Orbitale. Dies kommt durch die senkrecht von der CNT abstehenden π-Orbitale zustande, die sich immer weniger überlappen. Je dünner also eine Nanotube ist, desto begünstigter ist der Übergang von sp^2- zu sp^3-Hybridisierung und desto höher ist somit die Reaktivität.

2.1 Grundlegende Bemerkungen zu Kohlenstoffnanoröhren

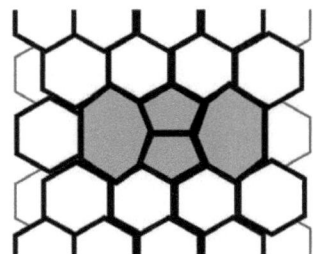 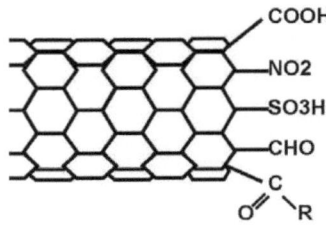

Abbildung 2.3: *a) 5,7-Defekte stellen einen bevorzugten Angriffspunkt für chemische Reaktionen dar. b) Mögliche funktionelle Gruppen bei nasschemischer Funktionalisierung (nach [Krü07]).*

Eine gezielte lokale Funktionalisierung von CNTs ist auch deshalb schwierig, da besonders chemische Reaktionen bevorzugt an Defektstellen stattfinden. So sind Kohlenstoffatome in 5,7-Defektstellen, den sogenannten Stone-Wales-Defekten (siehe Abbildung 2.3), also Stellen bei denen die strenge Anordnung von Sechserringen durch den Einbau von zwei Fünf- und zwei Siebenringen aufgehoben ist, energetisch ungünstiger und leichter für Reaktionen zugänglich. Diese Defektstellen entstehen jedoch im Herstellungsprozess zufällig. Somit kann die Anbindung von kovalenten Gruppen nicht lokal gesteuert werden, sondern es entstehen Stoffgemische, bei denen CNTs an unterschiedlichsten C-Atomen modifiziert wurden.

Auf Grund ihrer Struktur stellen Carbon Nanotubes sowohl Elektronenakzeptor als auch Elektronendonator dar. Eine Funktionalisierung der Kohlenstoffatome mit funktionellen Gruppen an den Enden der CNT oder Seitwanddefekten wird durch Reaktion mit heißen, konzentrierten Säuren erreicht. Weitere Substanzen zur nasschemischen Funktionalisierung von CNTs sind Wasserstoffperoxid, Chromschwefelsäure, Perchlorsäure oder Kaliumpermanganat. Mögliche funktionelle Gruppen zeigt Abbildung 2.3. Details zur nasschemischen Funktionalisierung von Kohlenstoffnanoröhrchen finden sich z.B. bei [AZ01] oder [BKW03].

Kapitel 2 Theoretische Grundlagen

2.1.5 Anwendungsbeispiele von Carbon Nanotubes

Die herausragenden Eigenschaften von Kohlenstoffnanoröhrchen machen dieses Material für zahlreiche Anwendungen interessant. Im Folgenden werden exemplarisch einige Beispiele herausgehoben, weitere Anwendungsmöglichkeiten finden sich in zahlreicher Literatur (z.B. [Mey05]).

Auf Grund ihrer elektrischen Eigenschaften ist ein Einsatz von CNTs in **elektronischen Anwendungen** Gegenstand zahlreicher Forschungsaktivitäten. Sowohl als Spitzen in Rasterkraftmikroskopen (AFM von engl. *atomic force microscope*), die je nach Wunsch auch noch mit unterschiedlichen Endgruppen funktionalisiert werden können [WWJ+98], als auch als Feldemitter z.B. in Feldemmisionsdisplays [Sai03] werden CNTs untersucht. Da SWCNTs, je nach Struktur, Halbleiter darstellen, wird außerdem der Einsatz in Feldeffekttransistoren (FETs von engl. *field effect transistor*) von zahlreichen Forschungsgruppen vorangetrieben [Sai03].

Neben Anwendungen als physikalische [ZMMD08] und chemische [LLY+03] **Sensoren** ist der Einsatz von Carbon Nanotube Sheets als **Aktuatoren** ein weiteres Forschungsgebiet [BCZ+99]. Die Idee, die Größenänderung von CNTs bei Anlegen eines externen elektrischen Feldes für mechanische Aktuatoren zu nutzen, wurde bereits vor dieser Forschungsarbeit am Fraunhofer-Institut für Grenzflächen- und Bioverfahrenstechnik IGB erforscht [Voh04].

Biologische Anwendungen von Carbon Nanotubes stehen auf den ersten Blick im Widerspruch zur viel diskutierten Toxizitätsfrage dieses Materials. Tatsächlich stellen aber CNTs ein geeignetes Material z.B. für den Transport und die Freisetzung von Wirkstoffen im menschlichen Körper dar. Dieses Forschungsgebiet, das so genannte *drug delievery*, wird vor allem von der Gruppe von K. Kostarelos weiter vorangetrieben [BKP05]. Funktionalisierte SWCNTs bieten sogar Chancen, in der Krebstherapie eingesetzt zu werden [HNT+09].

Das vermutlich meistversprechende Anwendungsgebiet von Carbon Nanotubes sind jedoch **Verbundwerkstoffe (Polymer-Komposite)**. Hierbei wird versucht, die faserartige Struktur und die enormen mechanischen Eigenschaften zu nutzen, um Kunststoffe mit neuen, verbesserten Eigenschaften zu entwickeln. Auf Grund der van der Waals-Wechselwirkungen zwischen Polymermatrix und CNTs soll eine starke Verbindung zwischen den Materialien entstehen. Dies ist aber auch der Grund, weshalb bevorzugt unpolare Kunststoffe als Matrix für CNT-Komposite eingesetzt werden.

Besonders solche Polymere, die konjugierte π-Bindungen aufweisen, sind für CNT-Verbundstoffe geeignet, da zusätzliche π-π-Wechselwirkungen mit dem delokalisierten π-Elektronensystem der CNTs entstehen.

Da die Herstellung von CNT-Kompositen und die dafür notwendige CNT-Dispergierung den Hauptaspekt dieser Arbeit darstellen, wird der aktuelle Stand der Technik im Bereich CNT-Verbundwerkstoffe im Kapitel 3.2 noch ausführlich dargestellt.

2.2 Funktionalisierung von Carbon Nanotubes

Carbon Nanotubes gelten chemisch als nahezu inert. Eine Funktionalisierung mit chemischen Gruppen ist daher aus zwei Gründen sinnvoll. Zum einen soll die Dispergierbarkeit in wässrigen Systemen und organischen Lösemitteln erhöht werden, zum anderen dient die Funktionalisierung der kovalenten Anbindung an die Polymerkomponente in CNT-Kompositen, was eine verstärkte Faser-Matrix-Haftung zur Folge hat.

Zahlreiche Forschergruppen versuchen seit Entdeckung der Nanotubes, Verfahren zur Funktionalisierung zu entwickeln. Hierbei wurden zunächst Methoden zur Öffnung der CNT-Enden erforscht, außerdem wurden die von Fullerenen bekannten Reaktionen auf CNTs übertragen. Hier zeigt sich jedoch eine geringere Reaktivität [SDDK98].

Zur Modifikation von Carbon Nanotubes an den Seitenwänden eignen sich solche Reaktionen, die mit dem π-System der Nanotubes reagieren. Hier kommen also Reaktionen aus der Chemie der Doppelbindungen wie Additions- und Cycloadditionsreaktionen in Frage [AZ01]. Diese Reaktionen werden hauptsächlich durch nasschemische Prozesse erreicht.

Für diese Arbeit wurden unterschiedliche Carbon Nanotubes allerdings nicht nasschemisch sondern durch technische Niederdruckplasmen funktionalisiert. Hierzu wurden die in Kapitel 4.1.3 beschriebenen Reaktoren verwendet. Als Prozessgase kamen Stickstoff, Argon, Ammoniak, Sauerstoff, Wasserstoff sowie deren Mischungen zum Einsatz. Argon-Plasmen werden laut Literatur hauptsächlich zum Ätzen sowie zum Öffnen der CNT-Enden eingesetzt. Sauerstoffhaltige Plasmen ergeben Carboxyl- oder Alkoholgruppen auf der CNT Oberfläche. Durch die Verwendung von Stickstoff als Prozessgas wird die Erzeugung von stickstoffhaltigen Gruppen gefördert. Dies können Amine, Amide, Nitrile oder andere Gruppen sein, deren Verteilung nur schwer voraus zu sagen ist [AZ01]. Mögliche funktionelle Gruppen sind auch in Abbildung 2.3 b) dargestellt.

2.3 Theorie der elektrischen Leitfähigkeit

Die Zugabe von Carbon Nanotubes als Füllstoff in Polymeren soll hauptsächlich dazu dienen, isolierenden Kunstoffen eine elektrische Leitfähig zu geben. Hierfür soll auf Grund der hohen Leitfähigkeit sowie des extrem hohen Aspektverhältnisses ein geringer CNT-Füllgrad ausreichen.durch den niedrigen Füllgrad ist eine Beeinträchtigung anderer physikalischer und chemischer Eigenschaften des Polymers wie Transparenz oder Membranverhalten nahezu vernachlässigbar.

Geht man davon aus, dass die Leitfähigkeit der einzelnen CNTs in derselben Größenordnung liegt, so ist - eine homogene Verteilung der CNTs vorausgesetzt - ausschließlich die CNT Konzentration für die resultierende Leitfähigkeit des CNT-Polymer-Komposites verantwortlich.

Mit zunehmender Füllstoffkonzentration nimmt die Leitfähigkeit eines gefüllten Polymerwerkstoffes bis zu einem bestimmten Füllgrad, der sogenannten **Perkolationsschwelle** (Abbildung 2.4), nur schwach zu, um dann in einem sehr engen Bereich um viele Zehnerpotenzen anzusteigen. Diesem Verhalten liegt die Ausbildung von Strompfaden durch eine zunehmende Anzahl sich berührender Füllstoffteilchen zugrunde. In der Literatur sind zahlreiche mathematische Berechnungen zur Theorie von Perkolationsschwellen zu finden, die sich jedoch meist auf stark vereinfachte Modelle stützen. So werden zum Beispiel fast ausschließlich sphärische monodisperse Füllstoffteilchen angenommen. Das hohe Aspektverhältnis ist dafür verantwortlich, dass Nanoröhren bereits bei sehr viel geringeren Füllgraden geometrisch perkolieren, als zum Beispiel im Fall von Ruß, der derzeit standartmäßig als leitfähiger Füllstoff eingesetzt wird. Oberhalb der Perkolationsschwelle gelangt die Leitfähigkeit in einen Bereich, in dem sie trotz weiterer Füllstoffzugabe nur noch wenig ansteigt (Abbildung 2.4).

In der Literatur beschrieben ist des Weiteren die Beobachtung, dass sich die Perkolationsschwelle dabei mit steigender spezifischer Oberfläche des Füllstoffes zu niedrigeren Füllstoffkonzentrationen verschiebt. Dies spricht dafür, dass bei CNTs die Perkolationsschwelle bereits bei niedrigeren Füllgraden erreicht wird. CNTs haben mit bis zu $500\,m^2/g$ (MWCNT) sowie theoretisch bis zu $1300\,m^2/g$ (SWCNT) (Berechnungen siehe [PLF+01]) eine wesentlich höhere spezifische Oberfläche als z.B. Leitruße.

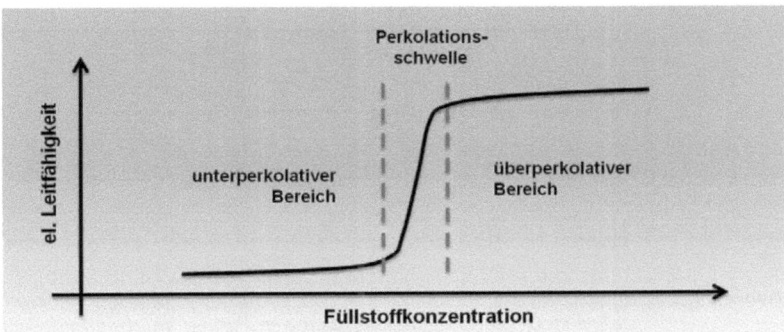

Abbildung 2.4: *Leitfähigkeit eines Polymerwerkstoffes mit leitfähigem Füllstoff als Funktion der Füllstoffkonzentration (prinzipieller Verlauf) (nach [LT71]).*

Werden die Polymer-Komposite z.B. zu Gunsten einer optischen Transparenz nur schwach gefüllt, d.h. im Bereich der Perkolationsschwelle, reagiert die Leitfähigkeit sehr empfindlich auf Schwankungen der Konzentration bzw. auf die Homogenität der Verteilung des Füllstoffes. Gerade bei niedrigen Füllstoffkonzentrationen sind demnach die Vereinzelung von CNTs und deren homogene Verteilung in der Polymermatrix sicherzustellen.

2.4 Grundlagen der Membrantechnik

Seit Beginn der 1970er Jahre finden die Membranverfahren mehr und mehr Eingang in die industrielle Produktion und Technik. Der Einsatz reicht hierbei von der Trennung niedermolekularer Mischungen wie Wasserstoff/Stickstoff bis hin zur Abtrennung feinverteilter Feststoffe aus Suspensionen [MR04]. Heutzutage stellen Membranprozesse eine Schlüsseltechnologie in der Verfahrenstechnik dar. Dies liegt nicht zuletzt an der Tatsache, dass etwa 40 % des Energieverbrauchs in der chemischen Industrie auf Trennprozesse zur Produktreinigung und Produktrückgewinnung [Ohl06] entfällt.

Grundsätzlich unterscheiden sich Membranen durch die Porendurchmesser und daraus resultierend durch die abtrennbaren Stoffe. Abbildung 2.5 zeigt die unterschiedlichen Membranverfahren, die abtrennbaren Stoffe sowie die typischerweise benötigten

Kapitel 2 Theoretische Grundlagen

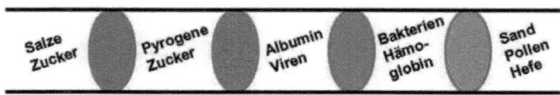

Verfahren	Umkehrosmose	Nanofiltration	Ultrafiltration	Mikrofiltration
Größe der abtrennbaren Stoffe	> 1Å	> 1 nm	> 10 nm	> 0,1 µm
Erforderliche Druckdifferenz	10 – 100 bar	1 – 20 bar	0,1 – 5 bar	0,1 – 1 bar

Abbildung 2.5: *Unterschiedliche Membranverfahren: Von Umkehrosmose zu Mikrofiltration steigt die Größe der abtrennbaren Partikel an, die erforderliche Druckdifferenz sinkt (nach [Ohl06]).*

Druckdifferenzen.

Die Modifikation von Polymermembranen durch den Einsatz von Carbon Nanotubes wurde im Rahmen dieser Arbeit untersucht. Die Ergebnisse werden in Kapitel 5.3 dargestellt. Nachfolgend werden die wichtigsten und für diese Arbeit relevanten Grundbegriffe der Membrantechnik erläutert.

Stofftransport

Der Stofftransport durch Membranen wird hauptsächlich durch zwei Modelle beschrieben. Beim **Hydrodynamischen Modell** erfolgt der Transport konvektiv durch Poren. Der Porendurchmesser ist hierbei kleiner als die abzutrennenden Partikel. Dieses Prinzip wird v.a. bei Mikro- und Ultrafiltrationsmembranen angewendet. Bei der Abtrennung von Makromolekülen, Kolloiden oder Bakterien kann es zu einem Zusetzen der Poren kommen, was durch Cross-Flow-Filtration vermieden werden kann. Beim **Lösungs-Diffusions-Modell** erfolgt der Transport durch Diffusion. Die Komponente, die nicht zurückgehalten werden soll, muss hierbei in der Membran gelöst sein. Dies ist vor allem bei dichten Membranen ohne Poren, d.h. bei Umkehrosmosemembranen oder Membranen zur Gastrennung der Fall. Charakteristisch für das Lösungs-Diffusions-Modell ist eine sich ausbildende Grenzschicht während des Filtrationsvorgangs, hervorgerufen durch zurückgehaltene Moleküle. Diese sogenannte Konzentrationspolarisation kann ebenfalls durch den Einsatz der Cross-Flow-Technik vermindert werden [Ohl06].

Wasserwert

Der Wasserwert (Flux) ist ein Maß für die Permeabilität einer Membran. Er gibt an, wieviel Wasser pro Zeiteinheit durch eine definierte Membranfläche bei einer angelegten Druckdifferenz gelangt. Die Einheit des Wasserwerts ergibt sich also zu $\frac{L}{m^2 \cdot h \cdot bar}$ bzw. $\frac{m}{h \cdot bar}$.

Bubble-Point

Beim Bubble-Point-Test wird eine Membran zunächst benetzt, d.h. die Poren werden mit Flüssigkeit gefüllt. Anschließend wird ein Gasdruck (meist Stickstoff) an der Membran angelegt und die Poren dadurch freigeblasen. Die Kraft, die zum Verdrängen der Flüssigkeit aus einer Pore notwendig ist, sprich die Druckdifferenz auf beiden Seiten der Membran, ist unter anderem vom Porendurchmesser D abhängig. Die Druckdifferenz Δp wird beschrieben durch

$$\Delta p = \frac{4 \cdot \sigma \cdot \cos \theta}{D} \qquad (2.5)$$

wobei σ die Oberflächenspannung der Flüssigkeit und θ der Benetzungswinkel ist. Wird der Druck kontinuierlich erhöht, so ist bei einem bestimmten Druck, dem sogenannten Bubble-Point, ein Aufsteigen von Gasblasen zu erkennen. Gemäß der Gleichung 2.5 werden zunächst die größten Poren freigeblasen, deren Durchmesser man nun durch Einsetzen des Druckwerts am Bubble-Point in die obige Gleichung berechnen kann.

Cut-off

Die Porenverteilung von Membranen wird oft dadurch charakterisiert, dass als Porendurchmesser der Durchmesser der kleinsten Teilchen angenommen wird, welche von der Membran zurückgehalten werden. Diese Grenze, der sogenannte cut-off, wird in Form des MWCO (Molecular Weight Cut Off) angegeben und ist definiert als kleinste Molekülmasse eines globulären Moleküls, welches die Membran nicht passieren kann. Die Einheit ist dementsprechend Dalton.

Membran-Fouling

Fouling beschreibt in der Membrantechnik das Verschmutzen bzw. Zusetzen von Filtermembranen. Hierbei wird zwischen allgemeinem Fouling und Biofouling unterschieden. Beim allgemeinen Fouling werden die Membranporen durch

Bildung eines Filterkuchens verkleinert und zugesetzt, was zu einer Verminderung der Filtrationleistung führt. Eine Verringerung dieses Effekts ist möglich durch Einsatz einer cross-flow-Filtration. Biofouling beschreibt den Bewuchs der Membran durch Bakterien, was eine vollständige Verblockung der Membran zur Folge haben kann.

Kapitel 3

Stand der Wissenschaft und Technik

3.1 Dispergierung von Carbon Nanotubes

Um die Eigenschaften einzelner Nanotubes in industriellen Anwendungen nutzen zu können, müssen diese in makroskopische Produkte eingearbeitet werden. Einer der wichtigsten Prozessschritte hierbei ist die Dispergierung und homogene Verteilung. Die Größe, die Struktur und der Herstellungsprozess von Kohlenstoffnanoröhren sorgen jedoch dafür, dass CNTs sehr stark agglomerieren und nur schwer in Dispersion zu bringen sind. Auf Grund des hohen Aspektverhältnisses ist die Bildung einer Lösung im klassischen Sinn nicht möglich, vielmehr bilden sich kolloidale oder disperse Systeme.

Die hohe Tendenz zur Agglomeration wird in der Literatur durch die starken π-π-Wechselwirkungen zwischen den einzelnen Nanotubes erklärt. Je einheitlicher CNTs innerhalb einer Probe sind, desto höher sind die Wechselwirkungen und desto schwieriger gestaltet sich ein Aufbrechen der Agglomerate und eine Vereinzelung der Nanotubes. Um CNTs in stabile Dispersionen zu überführen, werden unterschiedliche Ansätze verfolgt, die im Folgenden vorgestellt werden.

Kapitel 3 Stand der Wissenschaft und Technik

Dispergierung in wässrigen Tensidlösungen

Da sich Nanotubes in Wasser nicht lösen oder dispergieren lassen [KMP+12], müssen zur Darstellung wässriger CNT-Dispersionen Dispergierhilfsstoffe meist Tenside zugesetzt werden [EDSW12] [JGS03] [BNRRYR02]. Hierzu werden amphiphile Moleküle in Wasser gelöst und anschließend CNTs in dieser Tensidlösung mittels Ultraschall dispergiert. Die Tensidmoleküle umschließen die einzelnen Nanotubes (hydrophobe Gruppe Richtung CNT, hydrophile Gruppe nach außen) und stabilisieren so die vereinzelten Nanoröhrchen.

Als Tenside kommen zahlreiche konventionelle Tenside wie das anionische Tensid Natriumdodecylsulfat (auch Natriumlaurylsulfat, SDS von engl. *Sodium Dodecyl Sulfate*, chemischer Name „Schwefelsäuredodecylester-Natriumsalz") oder das nichtionische Tensid Octoxinol 9 (auch Triton X-100) in Frage. Als effektiv werden in der Literatur außerdem die Salze der Gallensäure beschrieben [WVG+04]. Die Untersuchung des Einflusses unterschiedlicher Tenside ist Gegenstand zahlreicher theoretischer Betrachtungen [VWM06] und experimenteller Untersuchungen. Eine Übersicht findet sich z.B. bei [RKT+08].

Dispergierung in organischen Lösemitteln

Carbon Nanotubes lassen sich auch in den gängigen organischen Lösemitteln nicht ohne Weiteres dispergieren. Langzeitstabile Dispersionen lassen sich mittels Ultraschall in ausgewählten Lösemittel erreichen. Hierzu zählen das oft verwendete N-Methyl-2-pyrrolidon (NMP) oder auch N-Ethyl-2-pyrrolidon (NEP) oder in gewissem Maße auch Dimethylformamid (DMF). Die geeigneten Lösemittel wurden empirisch gefunden, systematische Untersuchungen unterschiedlicher Lösemittel gibt es kaum. Hier soll die vorliegende Arbeit neue Erkenntnisse liefern und sowohl Informationen darüber geben, welche Lösemittel besonders geeignet sind, als auch Ideen geben, die die Wirkungsweise der Lösemittel bei der Dispergierung von Carbon Nanotubes erklären.

Eine Veröffentlichung der Gruppe um Jonathan Coleman vertritt die These, dass ein Zusammenhang zwischen Oberflächenspannung von CNT und Lösemittel und der Dispergierfähigkeit besteht [BNS+08]. Hierzu wurde nach

$$\Delta G_{mix} = \Delta H_{mix} - T\Delta S_{mix} \tag{3.1}$$

die freie Enthalpie beim Lösen eines Stoffes berechnet. Diese ist normalerweise klein,

3.1 Dispergierung von Carbon Nanotubes

d.h. der Lösevorgang läuft freiwillig ab, wenn die Zunahme der Entropie sehr groß ist. Aus der Gleichung für die Entropie

$$\Delta S_{mix} = -k[n_S \ln(1-\phi) + n_{cnt} \ln \frac{\phi}{\sigma x} + n_{cnt}(x-1)] \tag{3.2}$$

ist zu erkennen, dass im Fall von Carbon Nanotubes die Entropieänderung sehr klein ist, da das Aspektverhältnis x sehr groß ist. In obiger Gleichung ist n_S die Anzahl an Molekülen des Lösemittels, n_{cnt} die Anzahl an Nanotubes, x die Entartung der Rotation sowie ϕ der Volumenanteil. Daher ist ein Lösen des Stoffes nur bei hinreichend kleiner Enthalpie ΔH möglich. Dies ist erfüllt wenn

$$E_{solute} \cong E_{solvent} \tag{3.3}$$

also die Oberflächenenergien von Lösemittel E_{solute} und zu lösendem Stoff $E_{solvent}$ möglichst gleich sind. Laut Literatur ist dies für NMP sehr gut erfüllt [BNS+08]. Ob eine Variation der Oberflächenenergie des CNTs ebenfalls eine Veränderung der Dispergierfähigkeit bewirkt, wurde im Rahmen dieser Arbeit untersucht.

Im Gegensatz zu CNT-Dispersionen, bei denen also ein Feststoff in flüssigem Medium verteilt vorliegt, sprechen einige wenige Veröffentlichungen auch von echten Lösungen. Hier wird unter anderem der Einsatz von Supersäuren ($HClSO_3$) beschrieben [DPVG+09]. Diese Untersuchungen sind jedoch eher von akademischen Interesse und für industrielle Anwendungen derzeit nicht relevant.

Dispergierung durch Funktionalisierung

Eine weitere Möglichkeit, die Dispergierfähigkeit von Carbon Nanotubes zu verbessern, ist eine Funktionalisierung der CNT-Oberfläche [DT12]. Der Einbau funktioneller chemischer Gruppen sorgt zum einen dafür, dass z.B. durch polare Gruppen die Dispergierbarkeit in polaren Substanzen erhöht wird [MBA+02] [ZKP+03], zum anderen wird die Oberflächenenergie beeinflusst, was nach oben angeführter Theorie ebenfalls eine Dispergierfähigkeit unterstützen kann.

Eine Funktionalisierung von Carbon Nanotubes hat jedoch auch immer eine Veränderung der physikalischen Eigenschaften zur Folge. Da funktionelle Gruppen kovalent in das Kohlenstoffgerüst eingebaut werden, ändert sich an den betroffenen Atomen der Hybridisierungsgrad von sp^2 zu sp^3. Dies hat zur Folge, dass am entsprechenden

Kapitel 3 Stand der Wissenschaft und Technik

C-Atom kein freies π-Orbital mehr vorhanden ist, dementsprechend keine freien Elektronen zum Ladungstransport zur Verfügung stehen. Gerade bei SWCNT führt eine hohe Funktionalisierungsdichte also zu einer Verringerung der delokalisierten Elektronenwolke und zu einem Absinken der elektrischen Leitfähigkeit [Krü07].

3.2 Polymerkomposite mit Carbon Nanotubes

Das extrem große Aspektverhältnis sowie die bereits beschriebenen, herausragenden physikalischen Eigenschaften machen Carbon Nanotubes zu einem - zumindest theoretisch - idealen Füllstoff für Polymer-Komposite. Analog zu Kohlenstofffasern werden CNTs in Polymeren eingesetzt, um mechanische, chemische und - im Fall von CNTs - auch elektronische Eigenschaften zu modifizieren bzw. zu verbessern.

Hauptproblem, nicht nur bei der Herstellung sondern dadurch auch mit Auswirkungen auf die Eigenschaften des Endproduktes, ist die homogene Verteilung der Nanotubes in der Polymermatrix. Dies liegt vor allem an der hohen Agglomeration der CNTs. Ein weiterer Aspekt ist die Anbindung der Nanotubes an die Polymermoleküle. Besonders bei der Verbesserung der mechanischen Eigenschaften ist eine gute Faser-Matrix-Haftung essentiell. Eine kovalente Anbindung der Nanotubes an das Polymer ist wünschenswert, jedoch ist hierzu die Funktionalisierung der ansonsten innerten CNTs mit chemischen Gruppen notwendig.

SWCNTs zeigen einzigartige mechanische Eigenschaften und sind somit als Füllstoff für Polymer-Komposite prädestiniert. Allerdings zeigen fast alle in der Literatur beschriebenen Messungen noch nicht die erhofften Verbesserungen der mechanischen Eigenschaften des Polymers. Dies liegt vor allem daran, dass es noch nicht ausreichend gelungen ist, CNTs zu vereinzeln und homogen in der Polymermatrix zu verteilen. Röhrenbündel zeigen eine Tendenz zur Abscherung einzelner Nanotubes und weisen dadurch deutlich schlechtere Werte in mechanischen Tests auf [Krü07].

3.2.1 Herstellung von Polymer-Kompositen mit nanoskaligen Füllstoffen

Zur Herstellung von CNT-Polymer-Kompositen stehen grundsätzlich unterschiedliche Verfahren zur Verfügung. Obwohl die Methoden sich stark unterscheiden, ist das Ziel stets das selbe: CNTs sollen vereinzelt, homogen verteilt, eventuell ausgerichtet und hinreichend an die Matrix angebunden werden. Letztendlich entscheidet die dreidimensionale Struktur des CNT-Netzwerks über die Qualität und Eigenschaften des Komposites; so zum Beispiel gerüstartige Strukturen zur Perkolation oder aligned Strukturen für hohe Festigkeit in einer Raumrichtung. Schmelzmischen (Melt-Mixing), in-situ-Polymerisation und Lösungspolymerisation sind die wichtigsten Prozesse und werden im Folgenden kurz erläutert. Daneben werden jedoch auch neuartige Verfahren wie die layer-by-layer-Technik erforscht [MKP$^+$02].

Vorgelagerte Prozessschritte

Kommerziell erhältliche Carbon-Nanotube-Materialien liegen nicht in Form von einzelnen, gleichmäßigen und reinen CNTs vor. Vielmehr besteht CNT-Pulver aus makroskopischen Agglomeraten von Carbon Nanotubes unterschiedlicher Form und Struktur, sowie unter Umständen aus amorphem Kohlenstoff und Verunreinigungen durch Katalysatorreste. Eine Vorbereitung des CNT-Materials ist daher zwingend notwendig.

Zur *Deagglomeration der Nanotubes* wird hauptsächlich die Dispergierung mittels Ultraschall eingesetzt [SWW$^+$03]. Diese Methode ist am effektivsten und gleichzeitig relativ einfach in der Handhabung. Nachteil ist, dass gerade bei SWCNT durch Ultraschallbehandlung auch Defekte innerhalb der Nanotubes hervorgerufen werden können [KS02]. Daneben werden in der Literatur auch weitere Methoden zur Deagglomeration von CNTs wie zum Beispiel polymer-wrapping [TY02] oder die Verwendung von Kugelmühlen [KHF$^+$02] beschrieben.

Zur *Aufreinigung von Carbon Nanotubes* werden mechanische Methoden wie Zentrifugation [BAZA98], Chromatographie [DMB$^+$99] oder Mikrofiltration [AKC$^+$99] verwendet. Diese sind notwendig, da die meisten Herstellungsprozesse eine Vielzahl unterschiedlicher Kohlenstoffpartikel (amorpher Kohlenstoff, Fullerene, nanokristalliner Graphit, Carbon Nanotubes) hervorbringen. Weitere Reinigungsschritte sind thermisches Ausheizen in Luft oder Sauerstoffatmosphäre, um amorphen Kohlenstoff zu entfernen sowie Säurebehandlung zur Beseitigung von Katalysatorresten [MAL$^+$01].

Kapitel 3 Stand der Wissenschaft und Technik

Um die Faser-Matrix-Haftung in Kompositen zu erhöhen, werden Nanotubes teilweise **mit chemischen Gruppen funktionalisiert**. Die Funktionalisierung kann dabei nasschemisch oder auch durch Plasmatechnik erreicht werden. Dies wurde bereits in Kapitel 2.2 näher erläutert. Als weitere Möglichkeiten, die Oberfläche von CNTs zu modifizieren, werden in der Literatur unter anderem CVD-Prozesse zur Erhöhung der Rauigkeit genannt [LRS+02], sowie Gammabestrahlung, um die Oberfächenchemie zu verändern [MCD+02].

Schmelzmischen (Melt-Mixing)

Schmelzbasierte Prozesse wie Extrusion, Internal mixing, Spitzgießen und Blasformen sind angestrebte Verfahren, da sie schnell, einfach und in industriellem Maßstab verfügbar sind. Darüber hinaus fallen bei solchen Prozessen keinerlei Lösemittel oder andere Verunreinigungen an. Nanoskalige Füllstoffe sind insofern für diese Prozesse besonders geeignet, da auf Grund der geringen Größe keinerlei Brechen oder andere mechanische Verformungen der Partikel durch den Verarbeitungsschritt auftreten.

Auf Grund der hohen Viskosität des Polymers bzw. der zusätzlichen Erhöhung der Viskosität durch den Füllstoff [PF02] sind extrem hohe Scherraten notwendig, um CNTs gleichmäßig zu dispergieren [Bar00]. Solche Scherraten können jedoch unter Umständen die Struktur des Polymers verändern [AJMR02]. Die Schraubengeometrie des Extruders hat jedoch nach Carneiro nur einen äußerst geringen Einfluss auf die Struktur und Eigenschaften des Komposites [CM00].

Um Polymer-Komposites herzustellen, bei denen die Nanotubes ausgerichtet sind, also eine gewisse Vorzugsrichtung zeigen, werden zwei Verfahren beschrieben: Spinnen von schmelzextrudierten Proben aus Polypropylen [KS02] oder Spritzgußverfahren [HLWF05].

Eine systematische Untersuchung und Optimierung des Herstellungsprozesses ist jedoch schwierig, da die für den Laboreinsatz erhältlichen Kleinextruder meist zu geringe Scherkräfte aufweisen, um eine ausreichende CNT-Dispergierung zu gewährleisten. Dies wurde zum Beispiel für PMMA gezeigt [SMNI95].

In-situ-Polymerisation

Die in-situ-Polymerisation wird verwendet, um die Faser-Matrix-Haftung zu erhöhen. Durch die stattfindende chemische Reaktion ist eine kovalente Anbindung der Nanotubes an das Polymer auf molekularer Ebene möglich [Kim03].

In der Literatur finden sich zahlreiche Beispiele mit unterschiedlichen Polymeren, zum Beispiel Polyaniline [WZG+04], Polyphenylacetylene [TX99], Epoxidharze [ABCB02] oder Polyimide [LPRS02], jedoch bleiben die mechanischen Eigenschaften der Komposite weit hinter den theoretischen Werten zurück, die sich aus Berechnungen und Modellierungen mit idealisierten CNTs in Polymeren ergeben.

Herstellung aus Polymerlösung

Lösungsbasierte Verfahren haben den großen Vorteil, Polymer und Füllstoff unabhängig voneinander zunächst in einem Lösemittel zu dispergieren. Die niedrige Viskosität des Lösemittels ermöglicht daher eine wesentlich bessere Deagglomeration mittels Ultraschall und eine homogene Verteilung der Nanotubes [Kim03]. Durch anschließende Zentrifugation kann sogar ein zusätzlicher Reinigungsschritt eingebaut und der Reinheitsgrad der CNTs erhöht werden.

Polymerlösungen wurden ebenfalls für zahlreiche Polymere untersucht, so zum Beispiel Epoxide, Polystyrene, Polysulfon oder PMMA (z.B. [JBZ98]).

Durch Rakeltechnik und anschließendes Strecken des Polymerfilms konnte auch hier eine Ausrichtung der Nanotubes erreicht werden [JBZ98]. Hierbei spielt das Aspektverhältnis sowie die Steifigkeit der einzelnen Nanotubes eine Rolle. Längere und flexiblere SWCNT führten zu einer geringeren Ausrichtung entlang der Streckrichtung.

Eine Kombination aus Rakeln und Schmelzmischen wird von Haggenmueller beschrieben [HGR+00]. Gerakelte Filme aus CNT-PMMA Komposites mit einem SWCNT Anteil von 8 % wurden zerkleinert und anschließend zu neuen Filmen heißgepresst. Dieser Schritt wurde bis zu 25 mal wiederholt, was sich in einer Erhöhung der Homogenität der CNT-Dispergierung sowie der elektrischen Leitfähigkeit mit jedem Prozessschritt niederschlägt.

3.2.2 Eigenschaften von CNT-Polymer-Kompositen

Die herausragenden Eigenschaften von Carbon Nanotubes wurden in Kapitel 2.1.4 bereits ausführlich beschrieben. Die große Herausforderung ist es, diese Eigenschaften - zum Beispiel in Polymer-Kompositen - auf makroskopische Werkstoffe zu übertragen.

Mechanische Eigenschaften

Bei Drei-Punkt-Biegeversuchen konnte durch funktionalisierte CNTs eine Verstärkung von Epoxy-Kompositen erreicht werden [TRG00]. Bei Polypropylen wird eine Erhöhung der Zugfestigkeit um 40 % bei 1 Gew.-% CNTs beschrieben [KS02]. Safadi *et al.* beschreiben eine Verstärkung um 100 % in Polystyrol [SAG02] bei 2,5 Vol.% CNTs. Verbesserungen durch die Zugabe von CNTs wurden außerdem in Polycarbonat, PMMA und weiteren gängigen Polymeren beschrieben.

All diese Messungen sind jedoch kritisch zu beurteilen, teilweise wird als Referenz das reine Polymer angegeben, wobei eine Zugabe von Carbon Black unter Umständen den gleichen Effekt hätte wie CNTs. Daneben belegen ebenfalls zahlreiche Veröffentlichungen, dass CNTs nur einen verschwindend geringen Einfluss auf die mechanische Stabilität von Polymeren haben [LB01].

Auch wenn also teilweise von deutlichen Effekten berichtet wird, sind die bisherigen Ergebnisse zur mechanischen Verstärkung von Polymeren durch Carbon Nanotubes noch weit hinter den theoretisch erwarteten Werten zurück. Die im Vergleich zu Carbonfasern oder Carbon Black nur gering besseren Messwerte rechtfertigen den wesentlich höheren Preis der CNTs derzeit noch nicht für industrielle Anwendungen. Eine Ausführliche Darstellung der mechanischen Eigenschaften von CNT-Polymer-Kompositen findet sich in einem Review Artikel von Colemann [CKBG06].

Elektrische Eigenschaften

Elektrische Leitfähigkeit wird auf Grund des extrem hohen Aspektverhältnisses bei CNT-Polymer-Kompositen bereits bei geringen Füllgraden beobachtet. Diese zeigen meist ein typisches Perkolationsverhalten wie in Kapitel 2.3 erläutert [AJMR02]. Für die Perkolationsschwelle und Leitfähigkeit finden sich in der Literatur zahlreiche Werte, die sich je nach Herstellung, Polymermaterial und verwendeten CNTs stark unterscheiden [BCL$^+$01]. Die niedrigsten Perkolationsschwellen werden bei homogener Dispergierung sowie anisotroper, zufälliger Orientierung der CNTs in der Matrix erreicht.

Im Gegensatz zu den mechanischen werden bei elektrischen Messungen die theoretisch vorhergesagten Werte, wie zum Beispiel die Perkolationsschwellen, erreicht. Teilweise kann es durch elektrische Felder und leichte Scherung sogar bei Füllgraden unterhalb dieser Schwelle zu leitfähigen Pfaden im Kompositwerkstoff kommen. Diese so genannte *kinetische Perkolationsschwelle* darf jedoch nicht mit der klassischen

3.2 Polymerkomposite mit Carbon Nanotubes

Perkolationsschwelle verwechselt werden, da sie mit den üblichen Modellen nicht beschrieben werden kann.

Eine ausführliche Zusammenstellung der elektrischen Eigenschaften von CNT-Polymer-Kompositen finden sich im Review Artikel von Bauhofer und Kovacs [BK09].

Optische Eigenschaften

In der Literatur wird beschrieben, dass CNT-Komposite aus π-konjugierten Polymeren unter sichtbarem Licht angeregt werden und Elektronen zu den Nanotubes transportiert werden. Dies erlaubt den Transport der negativen Ladungsträger (Elektronen) zu den CNTs, während die positiven Ladungsträger (Löcher) bevorzugt im Polymer transportiert werden.

Interessante optische Eigenschaften von CNT-Polymer-Kompositen ergeben sich außerdem aus der niederdimensionalen Struktur der CNTs und der speziellen elektronischen Bandstruktur. Diese Effekte treten nicht in makroskopischen Stoffen wie Kohlenstofffasern auf. Für detaillierte Informationen zu optischen Eigenschaften, zum Beispiel für Anwendungen in der Photovoltaik, sei auf [KA02] verwiesen.

3.2.3 Anwendungsmöglichkeiten von CNT-Polymer-Kompositen

Auf Grund der **elektrischen Eigenschaften** reichen geringe Füllgrade im Polymer, um Leitfähigkeiten zu erreichen. Diese, unter Umständen sogar transparenten Komposite, können eingesetzt werden zur elektrostatischen Entladung (ESD von engl. *electrostatic discharge*), für elektrostatische Tinten oder zur Abschirmung von elektromagnetischer Strahlung. Vorteile gegenüber anderen (halb-) leitfähigen, transparenten Materialien wie zum Beispiel Indiumzinnoxid (ITO von engl. *indium tin oxide*) sind Flexibilität, Gewichtsersparnis, mechanische Festigkeit sowie die Möglichkeit, maßgeschneiderte elektrische und thermische Eigenschaften zu generieren.

Ein Anwendungsbeispiel der elektrischen Eigenschaften von CNTs sind Kunststofftransportfässer mit antistatischer Außenschicht, die die Firma Schütz mit Carbon Nanotubes der Firma Bayer herstellt. Als Transportverpackung sorgt das Kunststofffass dafür, dass sich entflammbare Transportgüter wie Lösemittel und Öle nicht durch elektrostatische Entladungen entzünden können.

Mechanische Anwendungen, die in der Literatur beschrieben werden, sind Stoß-

Kapitel 3 Stand der Wissenschaft und Technik

stangen im Automobilbereich. Durch den Einsatz von CNTs könnten diese mechanisch stabiler und gleichzeitig leichter sein, da die Füllgrade nur 1-5 Gew.% betragen im Gegensatz zu ca. 30 Gew.% bei Glasfasern. Die elektrostatischen Eigenschaften ermöglichen es darüber hinaus, diese CNT-Komposite direkt ohne weitere Vorbehandlung zu lackieren [Loz00]. Daneben sind auch Freizeitartikel wie Tennisschläger, Skier oder Golfschläger mit Carbon Nanotubes bereits kommerziell erhältlich. Aus der Literatur ist jedoch nicht bekannt, dass eine messbar bessere Performance dieser Sportartikel erreicht werden konnte.

Die hohe **Wärmeleitfähigkeit** von CNTs führt zu zahlreichen Anwendungen wie z.B. Kühlkörpern in Elektronikbauteilen [Bie02], Motoren oder Reifen. Diese Eigenschaften sind besonders im Bereich des Wärmemanagements von kleinsten Strukturen entscheidend.

Multifunktionelle Anwendungen kombinieren die unterschiedlichen Eigenschaften. So muss z.B. das Gehäuse der Elektronik eines Satelliten mechanisch stabil, wärmeabführend und gegen elektromagnetische Strahlung geschützt sein. Weitere Stichwörter für potentielle Anwendungen von CNT-Polymer-Kompositen sind: Biomaterialien für kontrollierte Wirkstoffabgabe (drug delivery), Nanosensoren in Polymeren für in-Situ monitoring, leichte kugelsichere Westen (Kevlar-Alternative), Mikrowellenlinsen oder Wellenleiter.

Im Bereich der **Membrantechnologie** wird mit unterschiedlichen Ansätzen an der Entwicklung CNT-basierter Membranen geforscht, jedoch sind zur Zeit noch keine Produkte kommerziell erhältlich. Ein Teilprojekt des vom BMBF geförderten Projekts Inno.CNT beschäftigt sich explizit mit der Entwicklung von CNT-Membranen. „Ziel des Projekts CarboMembran ist es, durch den Einsatz von CNT umweltfreundliche Konzepte zur Trinkwassergewinnung und zur Gasseparation zu erarbeiten. Dazu sollen neue Membranen (Mixed Matrix Membranen) entwickelt werden, deren Poren aus Carbon Nanotubes bestehen und die wesentlich energieeffizienter arbeiten und eine starke Steigerung der Produktivität aufweisen. Für die Meerwasserentsalzung sollen diese Membranen beispielsweise einen um den Faktor 40 verbesserten Wasserfluss als herkömmliche Membranen erlauben. Bei der Gastrennung sollen die Membranen zur Abtrennung von klimaschädlichen Gasen in Kraftwerken zum Einsatz kommen." [Nan] Ergebnisse dieses Projektes sind jedoch noch nicht bekannt.

3.3 Membranen aus Carbon Nanotubes

Seit Entdeckung der Carbon Nanotubes (CNT) 1991 gibt es zahlreiche Veröffentlichungen, die sich mit Einsatzmöglichkeiten von CNTs als Membranen bzw. Membranmaterial beschäftigen. Ein Überblick über die existierende Literatur sowie den aktuellen Stand der Wissenschaft wird im Folgenden gegeben.

In dieser Arbeit wurden nahezu ausschließlich mehrwandige CNTs (MWCNT) untersucht. Diese sind auf Grund der einfacheren Herstellung derzeit um den Faktor 1000 günstiger und werden von zahlreichen Firmen bereits im Tonnenmaßstab (pro Jahr) hergestellt. Es wurden keinerlei aligned Nanotubes verwendet, da auch deren Herstellung aufwändiger und damit teurer und für industrielle Einsätze derzeit nicht realisierbar ist. Bei der Darstellung des aktuellen Stands der Wissenschaft werden jedoch auch diese Materialien berücksichtigt.

3.3.1 Theoretische Berechnungen, Modellierung und Simulationen an isolierten Nanotubes

Theoretische Betrachtungen an einzelnen Nanotubes zeigten, dass diese grundsätzlich als Materialien für Ultrafiltrationsmembranen dienen könnten [Mao03]. Berechnungen weisen auf deutlich höhere Flussraten hin als zum Beispiel bei Zeolit, einem weit verbreiteten Membranmaterial, das unter anderem zur Reinwassergewinnung eingesetzt wird. Grund hierfür ist nach Striolo [Str06] der ballistische Transport von Wassermolekülen im Inneren einer einzelnen CNT, hervorgerufen durch weitreichende Wasserstoff-Brücken-Bindungen [Hin04].

Mao's Berechnungen ergeben des Weiteren unterschiedliche Diffusionskoeffizienten für verschiedene Gase (zum Beispiel: CH_4, C_2H_6 oder C_4H_{10}), was dann auch den Einsatz als Separationsmembranen theoretisch denkbar macht. In eine ähnliche Richtung deuten die Ergebnisse von Arora [Aro07]: Hier wurde mittels Molekulardynamik- und Monte Carlo Simulation der Durchfluss für Stickstoff- und Sauerstoffmoleküle durch eine verengte CNT berechnet. Trotz der nahezu identischen Größe der Moleküle ergeben sich für Sauerstoff höhere Druckflussraten als für Stickstoff. Insgesamt liegen nach diesen Berechnungen die Flussraten vier bis fünf Mal höher als bei konventionellen Membranmaterialien.

Kapitel 3 Stand der Wissenschaft und Technik

3.3.2 Modellierung und Simulation an aligned Carbon Nanotubes

Nach Untersuchungen an einzelnen CNTs wurden diese auf mehrere, parallel ausgerichtete Nanotubes, so genannte aligned Nanotubes ausgeweitet. Corry [Cor08], Kalra [Kal03] und andere berechneten Transportvorgänge an mehreren, hexagonal angeordneten aligned Nanotubes. Die Simulation von Wasser- und Ionentransport durch Nanotubes unterschiedlicher Durchmesser (d = 0,6 - 1,6 nm) deutet darauf hin, dass Ionen in der Lage sind, große Nanotubes (7,7 und 8,8) zu passieren, dünnere Nanotubes (5,5 und 6,6) hingegen als Barriere wirken. Wassermoleküle weisen jedoch in allen Nanotubes hohe Flussraten und nahezu ballistischen Transport auf (vgl. [Str06]). Dies erlaubt den Autoren die Aussage, dass Carbon Nanotubes theoretisch die Entsalzung von Meerwasser ermöglichen mit Flussraten weit über denen von derzeit eingesetzten Membrantypen. Zu ähnlichen Aussagen kommt auch Kalra [Kal03], der durch die Simulation von osmotischem Wassertransport durch hexagonal angeordnete CNTs berechnet, dass sich Wassermoleküle bei osmotischer Druckdifferenz nahezu reibungslos mit Flussraten, die denen von biologischen Wasserkanälen entsprechen (5 H_2O Moleküle pro Nanosekunde und Nanotube, unabhängig von der CNT Länge) durch Nanotubes bewegen.

3.3.3 Experimentelle Arbeiten an single-walled Carbon Nanotubes

Erste Veröffentlichungen experimenteller Arbeiten zum Einsatz von Carbon Nanotubes als Membranmaterial stammen von Holt, Hinds und Sholl [Hol06] [Hin04] [Sho06]. Die Gruppe um Holt stellte Membranen aus aligned Nanotubes her, indem sie den auf einem Siliziumwafer gewachsenen CNT „Rasen" in eine Silikon-Nitride-Matrix einbetteten und anschließend die Enden durch reaktives Ionenätzen (RIE, reactive ion etching) wieder öffneten. Die von ihnen gemessenen Flussraten für Gase und Wasser durch Nanotubes mit Durchmessern kleiner zwei Nanometer liegen um zwei Größenordnungen höher als durch das gängig angenommene Knudsenmodell (siehe Anmerkung 18 bei [Hol06]) vorhergesagt. Damit liegen die Flüsse auch viele Größenordnungen über denen von Polycarbonatmembranen trotz der kleineren Porenradien auf Seite der CNTs. Ähnliche Ergebnisse von aligned Nanotubes in Polymermatrix beschreibt [Hin04]. Ein

3.3 Membranen aus Carbon Nanotubes

Übersichtsartikel zum Einsatz von aligned Nanotubes als Membranen findet sich bei Sholl [Sho06]. Die Kernaussage ist, dass sich hohe Flussraten auch experimentell realisieren lassen, jedoch noch keinerlei Selektivität nachgewiesen werden konnte.

Ein weiterer interessanter Gedanke zu aligned CNT Membranen wurde u.a. von Wang [Wan07] untersucht. Bei Anlegen eines elektrischen Potentials ändert sich der Durchmesser von SWNT. Dies geschieht auf Grund von quantenmechanischen Effekten und der damit verbundenen Änderung der C-C-Bindungslänge in Gegenwart eines elektrischen Feldes [Wan07]. Legt man nun an eine Membran aus aligned Nanotubes eine Potentialdifferenz (hier 1,7 V) an, so lässt sich der Wasserfluss durch die Nanotubes gezielt steuern. Laut Wang können selbst benachbarte CNTs unterschiedlich angesteuert werden und je nach angelegter Spannung kann zwischen ballistischem Transport und vollständiger Impermeabilität geschaltet werden.

3.3.4 Veröffentlichungen zu Experimenten an non-aligned Carbon Nanotubes

Die oben genannten Veröffentlichungen beschäftigen sich ausschließlich mit isolierten oder aligned Nanotubes. Außerdem wurden single walled CNTs verwendet, da sowohl die Berechnungen und Simulationen an einwandigen Kohlenstoffnanoröhren weniger komplex sind als auch Experimente an den definierteren SWCNTs reproduzierbarer durchgeführt werden können. Dennoch ist der Anteil der entsprechenden Veröffentlichungen sehr gering.

Veröffentlichungen, die sich mit dem Einsatz von non aligned MWCNTs beschäftigen sind z.B. die Arbeiten von Smajda [Sma07]. Hier wurde die Permeabilität von Stickstoff durch CNT-Teflon-Bucky-Paper (MWCNT) untersucht. Bei 25°C und einer Druckdifferenz von 10 mbar liegt sie zwischen 1,14 und $3,74 \cdot 10^{-9} m^2/s$. Die Porosität und die sogenannte Tortuosität steigen mit der Dicke. Die Tortuosität ist der Grad der Gewundenheit der Transportwege in den Poren poröser Materialien. Ebenfalls Bucky Paper, jedoch aus SWCNT im Zusammenspiel mit Aluminium, untersuchte Cooper [Coo03]. Bei Porendurchmessern von ca. 200 nm liegt die Gaspermation im Bereich von $3 \cdot 10^{-5} m^2/s$ für Sauerstoff, Stickstoff und Argon. Das Verhalten, das die Bucky Paper Membranen zeigen, lässt sich nicht gut mit den üblichen Transportmodellen beschreiben. Die Diffusion hängt nur von der angelegten Druckdifferenz ab, nicht von der Zeit. Laut Cooper ist demnach die Membran eher wie ein Ventil zu verstehen, welches ab einem kritischen Druck öffnet. Dieser „Schwelldruck" liegt in diesem Fall bei 3 bar.

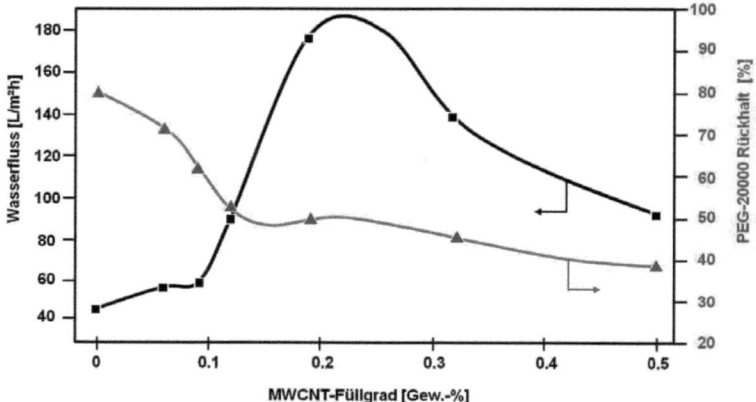

Abbildung 3.1: *Einfluss des Gehalts an MWCNT auf Wasserfluss und Rückhalt von PEG-20000 (nach [Qiu09])*

Qiu et al. zeigten in ihrem Paper [Qiu09] die Durchlässigkeit von Membranen aus mit Isocyanat und Isophthalylchlorid funktionalisierten MWCNT in einer Polysulfon Matrix. Ihren Ergebnissen nach ist der Anteil an CNTs der entscheidende Faktor der Membraneigenschaften. Der Zusammenhang zwischen MWCNT-Konzentration und z.B. Rückhalt von Makromolekülen (PEG-20000) oder reinem Wasserfluss ist jedoch nicht linear, sondern zeigt eine abnehmende Stufenfunktion (Rückhalt von PEG-20000) oder ein Maximum bei einer CNT-Konzentration von 0,19 gew.% (reiner Wasserfluss) (siehe Abb.3.1). Untersuchungen an Bucky Paper Membranen zur Wasserentsalzung finden sich bei [DSS+10]. Es wird ein Salzrückhalt von 99% bei einem Fluss von ca. 12 kg/m^2·h beschrieben. Auf Grund der geringen mechanischen Stabilität unterstreicht Dumée jedoch, dass die Ergebnisse sich nicht auf industrielle Anlagen übertragen lassen sondern vielmehr nach stabileren CNT-Polymer-Komposit Membranen geforscht werden muss.

Kapitel 4

Materialien und Methoden

In diesem Kapitel werden die verwendeten Chemikalien, die eingesetzten CNT-Materialien sowie deren Modifizierung mittels Plasmatechnik beschrieben. Des Weiteren wird das Vorgehen bei der Herstellung sogenannter Bucky Paper und der Beschichtungsprozess dieser CNT-Papiere erläutert. Nach einer kurzen Darstellung des Geräteaufbaus zur Messung von Membrantrenneigenschaften unter angelegter Spannung, wird im letzten Abschnitt auf die Herstellung von CNT-Polymer-Kompositen eingegangen. Hier werden sowohl die Polymersysteme als auch die Methoden zur Membranherstellung beschrieben.

4.1 CNT-Ausgangsstoffe und verwendete Chemikalien

4.1.1 Carbon Nanotube-Materialien - Hersteller und Eigenschaften

Im Rahmen dieser Arbeit wurde der Fokus auf die Verwendung von mehrwandigen Kohlenstoffnanoröhrchen gelegt. Im Gegensatz zu SWCNTs sind diese MWCNTs für industrielle Anwendungen - mit Ausnahme der Halbleitertechnik - wesentlich interessanter,

Kapitel 4 Materialien und Methoden

da derzeit der Einsatz von SWCNTs aus Kostengründen und den noch nicht ausreichenden Produktionsmengen nicht wirtschaftlich ist. Da sich CNT-Materialien verschiedener Hersteller, vor allem auf Grund unterschiedlicher Herstellungsverfahren (siehe Kapitel 2.1.2) in ihren Eigenschaften stark unterscheiden, wurden Materialien unterschiedlicher Hersteller verwendet. Die Unternehmen, die in dieser Arbeit verwendeten CNT-Sorten sowie vom Hersteller angegebenen Eigenschaften, sind in folgender Aufzählung zusammengestellt:

Bayer Material Science, Leverkusen (Deutschland)

Das hier verwendete Material Baytubes C 150 P wird im Sicherheitsdatenblatt des Herstellers als mit 5 % anorganischen Verunreinigungen angegeben. Das Material wird im CVD-Verfahren hergestellt.

FutureCarbon GmbH, Bayreuth (Deutschland)

Als Material der Firma Future Carbon wurden MWCNT der Charge 06 0046-LA-MW 00000002 verwendet. Die Aufreinigungsstufe wird vom Hersteller als MWCNT purified angegeben.

Nanocyl S. A., Sambreville (Belgien)

Die verwendete CNT Serie N 7000 wird mit einem Kohlenstoffgehalt von 90 % angegeben. Für die im CVD-Prozess hergestellten MWCNTs gibt der Hersteller außerdem eine mittlere Länge von 0.1-10 μm, einen mittleren Durchmesser von 10 nm sowie eine spezifische Oberfläche von 250 - 300 m^2/g an.

Showa Denko, Tokyo (Japan)

Von der Firma Showa Denko wurden drei Materialien untersucht, die sich in Durchmesser und Länge der CNTs unterscheiden. VGCF (vapour grown carbon fiber) (LOT 08-05-186), sowie VGCF-S (LOT 07-008) zeigen sich in REM Aufnahmen eher als Carbon Fasern denn als Nanotubes. Die Durchmesser werden vom Hersteller mit 150 nm bzw. 100 nm angegeben. Das Material VGCF-X (LOT VX081114-1B) entspricht MWCNT und ist mit einer Kohlenstoffreinheit von >99% deklariert.

SINEUROP Nanotech GmbH, Stuttgart (Deutschland)

Die einzigen SWCNTs, die im Rahmen dieser Arbeit verwendet wurden, stammen

4.1 CNT-Ausgangsstoffe und verwendete Chemikalien

von der Firma Sineurop und wurden im Laser-Ablations-Verfahren hergestellt. Das Material diente als Vergleich zu den MWCNTs.

Die MWCNTs unterscheiden sich hinsichtlich folgender Parameter: Anteil amorpher Kohlenstoff in der Probe, Länge und Dicke der CNTs, Agglomerationsgrad, Anteil Katalysator und Art des Katalysators. Bei letzterem werden Eisen, Kobalt, Nickel und andere Metalle eingesetzt, die auf keramischen Trägerstrukturen aufgebracht sind. Die genaue Zusammensetzung der Katalysatoren ist jedoch nicht bekannt und Firmen Know-how der einzelnen Hersteller. In Abb 4.1 sind rasterelektronenmikroskopische Aufnahmen der unterschiedlichen Materialien dargestellt, um erste Hinweise auf die unterschiedlichen Eigenschaften zu erhalten.

4.1.2 Verwendete Lösemittel und weitere Materialien

Die verwendeten Lösemittel sowie weitere Materialien sind in Tabelle 4.1 zusammengestellt. Sofern in den entsprechenden Abschnitten nichts anderes angegeben ist, wurden die Stoffe ohne weiteren Reinigungsschritt verwendet.

4.1.3 Oberflächenmodifikation von Carbon Nanotubes

Eines der Hauptprobleme bei der Verarbeitung von CNTs ist die Tatsache, dass CNTs nahezu unlöslich sind. Nachteile ergeben sich daraus sowohl bei der Verarbeitung (Dispergierung im Lösemittel) als auch später bei den mechanischen und elektrischen Eigenschaften der Polymerkomposite (schlechtere Faser-Matrix-Haftung). Um die Dispergierfähigkeit sowie die Einbindung in Polymere zu verbessern, wurden oberflächenmodifizierte CNTs verwendet.

Die Oberflächenbehandlung erfolgte mittels technischer Niederdruckplasmen. Unterschiedliche Reaktorgeometrien standen hierfür zur Verfügung. Bucky Paper wurden in Flachbettreaktoren behandelt, für CNT-Pulvermaterial wurde ein am IGVT entwickelter vertikaler asymmetrisch-konvexer Fließbettreaktor verwendet. Hierbei werden die CNT-Agglomerate durch den Prozessgasstrom aufgewirbelt und möglichst homogen in der Plasmazone verteilt. Als Prozessgase wurden Argon-Sauerstoff, Argon-Sauerstoff-Wasserstoff und Ammoniak verwendet. Eine schematische Darstellung der Plasmaprozesse, der Plasmareaktoren sowie die vorwiegend entstehenden funktionellen Gruppen zeigt Abb 4.2.

Kapitel 4 Materialien und Methoden

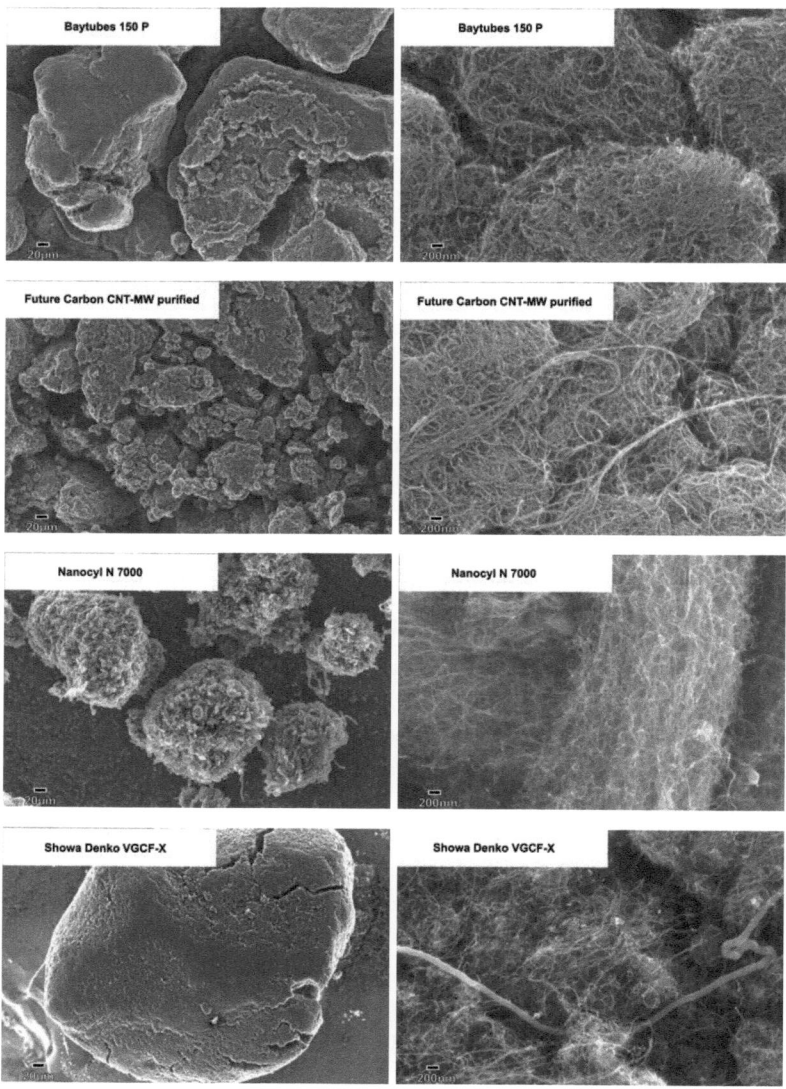

Abbildung 4.1: *Rasterelektronenmikroskopische Aufnahmen der unterschiedlichen Ausgangsmaterialien.*

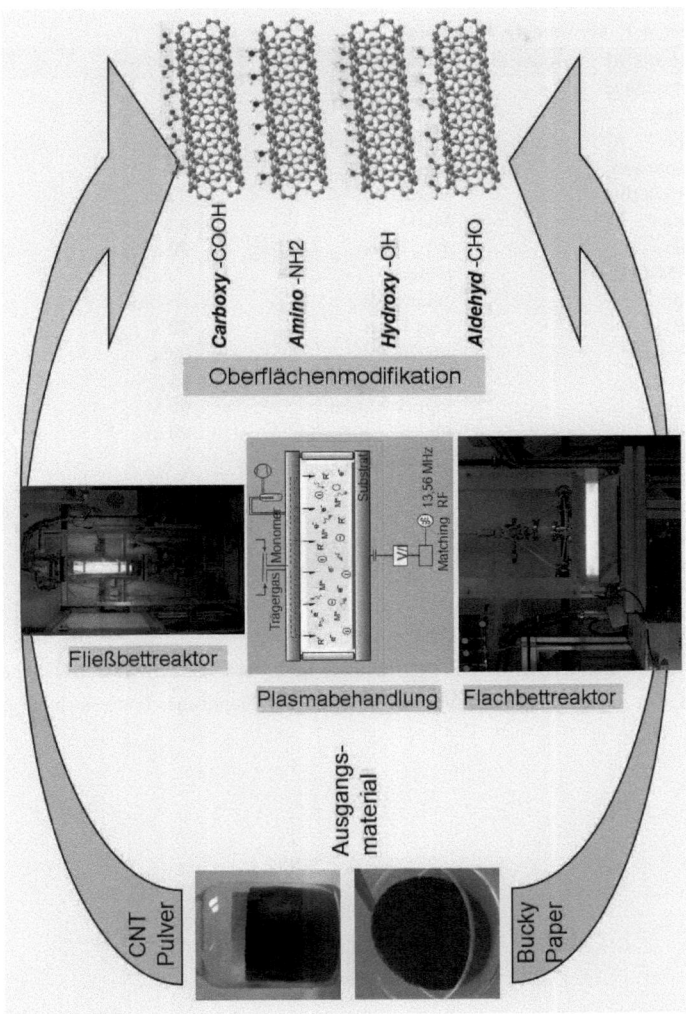

Abbildung 4.2: *Schematische Darstellung der Plasmabehandlung. Je nach Form des Ausgangsmaterials werden unterschiedliche Reaktorgeometrien verwendet. Die Zusammensetzung des Prozessgases definiert die auf der Oberfläche erzeugten chemischen Gruppen (nach [Zsc10]).*

Kapitel 4 Materialien und Methoden

Tabelle 4.1: *Verwendete Materialien*

Lösemittel / Material	Hersteller	Reinheit
Acetaldehyd	Sigma-Aldrich	99%
Aceton	J.T. Baker	99,50%
Anilin	Sigma-Aldrich	p.a.
Cyclohexan	Fluka	p.a.
Diethylether	Merk	p.a.
Dioxan	Merk	p.a.
DMF	J.T. Baker	99,80%
EMIM-OAL	Iolitec	
Ethanol	chemsolute	absolut reinst
NEP	Carl Roth	98%
n-Heptan	ABCR	99%
n-Hexan	Sigma-Aldrich	95%
NMP	Sigma-Aldrich	99,5%
Pentan	Fluka	99,5%
Phenol	Sigma-Aldrich	p.a.
Pyridin	Merk	p.a.
Pyrrolidon	Alfa Aesar	99%
THF	Applichem	p.a.
Toluol	chemsolute	p.a.

Die Plasmabehandlungen selbst waren nicht Gegenstand dieser Arbeit und werden daher nicht weiter erläutert. Weiterführende Informationen zu den Plasmabehandlungen der in dieser Arbeit weiterverarbeiteten Carbon Nanotubes finden sich bei [Zsc10].

4.2 Physikalische Grundlagen der verwendeten Messmethoden

4.2.1 Rasterelektronenmikroskopie

Elektronenmikroskopische Aufnahmen sind ein gängiges Mittel, um Aufbau und Struktur von Materialien anschaulich darzustellen. Theoretisch können Strukturen bis zu wenigen Nanometern aufgelöst werden, die tatsächliche Auflösung hängt jedoch vom verwendeten Gerät sowie der Beschaffenheit der Probe ab.

Beim Rasterelektronenmikroskop (REM) (engl. SEM = Scanning Electron Microscope) wird ein fokussierter Elektronenstrahl zeilenweise über die Probenoberfläche geführt (gerastert). Der Durchmesser des Strahls beträgt dabei 2 bis 10 nm [GH90]. Im Gegensatz zur Transmissionselektronenmikroskopie (TEM) mit typischen Energien von 80 – 200 keV wird bei der Rasterelektronenmikroskopie mit niedrigeren Beschleunigungsspannungen von 2 - 40 kV gearbeitet [GH90]. In der Probe werden durch Ionisationsprozesse – neben einer Vielzahl von Sekundärprodukten, wie Röntgenstrahlung, Wärme oder Licht [Fle95] – Elektronen, so genannte Sekundärelektronen ausgelöst, die von einem Detektor registriert werden. Das oft als birnenförmig beschriebene Wechselwirkungsvolumen [Fle95] ist direkt proportional zur Beschleunigungsspannung und indirekt zur mittleren Ordnungszahl der Probenatome. Auf Grund der geringen mittleren freien Weglänge der ausgelösten niederenergetischen Elektronen im Material von 1 bis 10 nm [BH82] werden hauptsächlich Sekundärelektronen, die nahe der Oberfläche erzeugt wurden, detektiert. Dies entspricht bei einer ebenen Probe etwa 1% der insgesamt erzeugten Sekundärionen. Bei Erhebungen in der Oberfläche können auf Grund der kürzeren Weglänge entsprechend mehr Elektronen die Probe verlassen, so dass diese Bereiche eine höhere Intensität am Detektor verursachen, was in einem helleren Grauwert dargestellt wird [Fle95]. Das gewonnene Bild entspricht daher einem topologischen Abbild der Oberfläche.

Die durchschnittliche Energie der emittierten Elektronen beträgt 3 bis 5 eV. Am Faradayschen Käfig, der die Sekundärionen einfängt, liegt eine Spannung von 300 V an, so dass auch Elektronen nachgewiesen werden können, die in diametraler Richtung zum Detektor emittiert werden. Vorteile der Rasterelektronenmikroskopie sind die große Schärfentiefe (bis zu 400 mal höher als bei der Lichtmikroskopie [Fle95])

Kapitel 4 Materialien und Methoden

sowie die hohe Vergrößerung. Standardmäßig lassen sich Aufnahmen in einem Bereich von 10- bis 100000-facher Vergrößerung machen. Im Vergleich zur Transmissionselektronenmikroskopie, die noch höhere Auflösungen erlaubt, zeichnet sich REM durch eine einfachere Probenpräparation aus. Lediglich elektrisch nichtleitende Proben müssen für REM-Aufnahmen z.B. mit Platin besputtert werden, um eine Aufladung der Oberfläche zu vermeiden.

In dieser Arbeit werden REM-Aufnahmen verwendet, um CNT Rohmaterial, Bucky Paper sowie hergestellte CNT-Polymer-Komposit-Membranen zu charakterisieren. Beim CNT-Ausgangsmaterial geben REM-Aufnahmen eine erste Auskunft über die Dicke der CNTs, Größe der CNT Agglomerate sowie Anteil an amorphen Kohlenstoffpartikeln in der Probe. Durch die hohe Vergrößerung und dem sich daraus ergebenden kleinen Probenausschnitt sind REM-Aufnahmen selektiv und die Aussagen können nicht immer ohne weiteres auf die gesamte Probe übertragen werden. Im Fall der CNT-Polymer-Komposite dienen REM-Aufnahmen dazu, die Vereinzelung und homogene Verteilung der Nanotubes in der Polymermatrix nachzuweisen sowie Informationen über Porengröße und Porenform zu erhalten.

4.2.2 Kontaktwinkelmessungen

Durch Kontaktwinkelmessungen kann die Wechselwirkung zwischen Flüssigkeiten und Festkörpern bestimmt und damit die Oberflächenenergie des Festkörpers berechnet werden. Wird ein Flüssigkeitstropfen auf eine Grenzfläche gesetzt, so bildet sich zwischen den drei Phasen Gas v (von engl. vapour), Flüssigkeit l (von engl. liquid) und Festkörper s (von engl. solid) ein Winkel aus. Dieser Winkel wird durch die Wechselwirkungen der unterschiedlichen Phasen beeinflusst. Je größer die Wechselwirkung zwischen Flüssigkeit und Festkörper, desto geringer ist der Kontaktwinkel. Die einzelnen Kräfte sind in Abbildung 4.3 als Vektoren dargestellt. Einen mathematischen Zusammenhang zwischen dem Kontaktwinkel Θ sowie den Grenzflächenspannungen zwischen den Phasen flüssig-gasförmig γ_{lv}, fest-gasförmig γ_{sv} sowie fest-flüssig γ_{sl} liefert die Young'sche Gleichung:

$$\gamma_{sv} = \gamma_{sl} + \gamma_{lv} \cos \Theta \tag{4.1}$$

Bei der Kontaktwinkelmessung wird der Kontaktwinkel mittels eines Goniometers durch Anlegen der Tangente im Dreiphasenkontaktpunkt bestimmt.

4.2 Physikalische Grundlagen der verwendeten Messmethoden

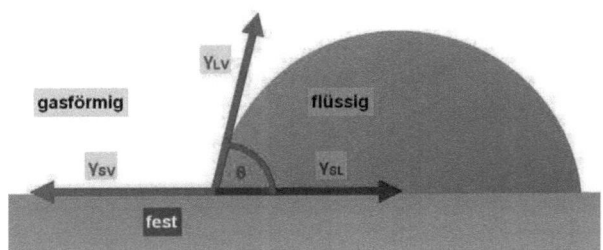

Abbildung 4.3: *Vektordiagramm der Grenzflächenspannungen zwischen den Phasen flüssig-gasförmig γ_{lv}, fest-gasförmig γ_{sv} sowie fest-flüssig γ_{sl} bei einem auf einem Festkörper liegenden Flüssigkeitstropfen.*

Werden verschiedene Flüssigkeiten mit bekannten Eigenschaften (freie Oberflächenenergie, Dichte, usw.) verwendet, kann daraus die Oberflächenenergie des Festkörpers bestimmt werden. Die Begriffe Grenzflächenspannung und freie Grenzflächenenergie werden für Festkörper oft identisch verwendet. Diese Gleichsetzung gilt streng jedoch nur für Flüssigkeiten, da hier die Moleküle im thermodynamischen Gleichgewicht stehen. Im Festkörper gilt dies nicht, jedoch ist der Korrekturterm unter normalen Bedingungen so gering, dass eine Gleichsetzung in erster Näherung angenommen werden kann [Jan98].

Zur mathematischen Auswertung der Oberflächenspannung existieren unterschiedliche Modelle. Im Rahmen dieser Arbeit wurde das Verfahren von Owens, Wendt, Rabel und Kaelble (OWRK) verwendet [OW69] [KU70], weshalb es im Folgenden kurz vorgestellt wird.

Das verwendete Verfahren liefert den dispersen und polaren Anteil der Oberflächenspannung. Dabei wird vorausgesetzt, dass nur gleichartige Wechselwirkungen zwischen den Phasen wirksam werden. Die Beziehung zwischen Oberflächenspannung des Festkörpers σ_s, Oberflächenspannung der Flüssigkeit σ_l sowie der Grenzflächenspannung zwischen Festkörper und Flüssigkeit γ_{sl}

$$\gamma_{sl} = |\sigma_s - \sigma_l| \tag{4.2}$$

kann unter der Bedingung, dass nur gleichartige Wechselwirkungen stattfinden können, erweitert werden zu

$$\gamma_{sl} = \sigma_s + \sigma_l - 2\sqrt{\sigma_s^D \sigma_l^D}, \tag{4.3}$$

Kapitel 4 Materialien und Methoden

wobei D den dispersen Anteil beschreibt, der zusammen mit dem polaren Anteil die Gesamtoberflächenspannung nach $\sigma = \sigma^D + \sigma^P$ ergibt. Durch Erweiterung der Gleichung und Einsetzen in die Young'sche Gleichung erhält man die Form einer allgemeinen Geradengleichung $y = mx + t$ mit

$$\underbrace{\frac{(1+\cos\Theta)\sigma_l}{2\sqrt{\sigma_l^D}}}_{y} = \underbrace{\sqrt{\sigma_s^P}}_{m}\underbrace{\sqrt{\frac{\sigma_l^P}{\sigma_l^D}}}_{x} + \underbrace{\sqrt{\sigma_s^D}}_{t}. \qquad (4.4)$$

Verwendet man mindestens zwei Flüssigkeiten mit bekannter disperser und polarer Oberflächenspannung, ergibt sich eine x-y-Gerade. Durch lineare Regression können die Anteile der Oberflächenspannung des Festkörpers berechnet werden.

In dieser Arbeit wurden Kontaktwinkelmessungen an Bucky Papern durchgeführt, um die Oberflächenenergie von Carbon Nanotubes zu bestimmen. Insbesondere wurde die Veränderung dieser Oberflächenenergie nach einer Plasmabehandlung untersucht. Außerdem wurde der Einfluss eines elektrischen Feldes zwischen Flüssigkeitstropfen und Festkörper auf den gemessenen Kontaktwinkel hin untersucht, um herauszufinden, inwieweit die Benetzbarkeit eines beschichteten CNT-Sheets durch eine externe elektrische Spannung einstellbar ist. Die Messungen wurden an dem Gerät OCA40 (DataPhysics GmbH, Filderstadt) durchgeführt. Zur Auswertung stand die Software SCA20 zur Verfügung.

4.2.3 Porometrie

Porometrie ist ein Verfahren zur Bestimmung der Porengrößenverteilung in Membranen und porösen Proben. Im Gegensatz zur weit verbreiteten Methode der Porosimetrie, arbeitet die im Rahmen dieser Arbeit verwendete Porometrie nicht mit Quecksilber. Hier wird vor der Messung eine Probe mittels spezieller Benetzungsflüssigkeit befeuchtet. Anschließend werden die Poren der Probe durch Gas freigeblasen. Als Benetzungsmittel wurde „Porofil" verwendet, was einen Benetzungswinkel von 0° mit nahezu allen Probenoberflächen aufweist.

Ist ein Material von einer Flüssigkeit benetzt, so werden sämtliche Poren gefüllt. Um die Flüssigkeit aus den Poren zu entfernen, muss ein Druck, der höher ist als der Normaldruck, angelegt werden. Zwischen Druckdifferenz Δp und Porendurchmesser

4.2 Physikalische Grundlagen der verwendeten Messmethoden

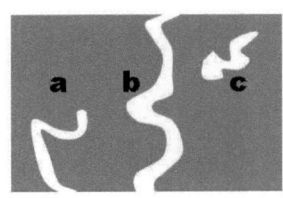
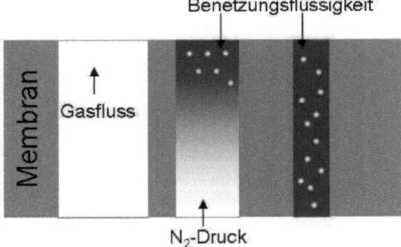

Abbildung 4.4: *Im Gegensatz zur Quecksilberporosimetrie können bei der hier verwendeten Porometrie keine „blind pores" (a) sondern ausschließlich durchgehende, sogenannte „through pores" (b) detektiert werden. „Closes pores" (c) sind mit keinem Messverfahren zugänglich. Rechts: Prinzip der Porometrie, bei der zunächst die größten und sukzessive auch die kleinsten Poren freigeblasen werden (nach [Ohl06]).*

D besteht die Beziehung

$$D = \frac{4\gamma \cos \Theta}{\Delta p} \tag{4.5}$$

mit γ als Oberflächenspannung der benetzenden Flüssigkeit und Θ als Kontaktwinkel. Es wird vollständige Benetzung, d.h. $\Theta = 0°$ angenommen, womit sich die Gleichung vereinfacht zu

$$D = \frac{4\gamma}{\Delta p}. \tag{4.6}$$

Vorteil der Porometrie ist die Tatsache, dass es sich um ein zerstörungsfreies Prüfverfahren handelt. Nachteile ergeben sich daraus, dass nur durchgängige Poren (through pores) detektiert werden könnnen. Poren, die nur auf einer Seite der Membran geöffnet sind (blind pores) und solche, die sich komplett im Membraninneren befinden (closed pores), können nicht gemessen werden, sind jedoch auch für Membraneigenschaften wie Fluss oder Separation nicht relevant (siehe Abbildung 4.4).

Bei der Messung wird die benetzte Membran mit Druck beaufschlagt und dieser kontinuierlich erhöht. Dabei wird der sich ergebende Stickstoffffluss als Funktion des Drucks gemessen (wet curve). Je nach Porenradius wird bei einem bestimmt Druck zunächst die größte Pore freigeblasen (bubble point), was ein Ansteigen des Flusses zur

Kapitel 4 Materialien und Methoden

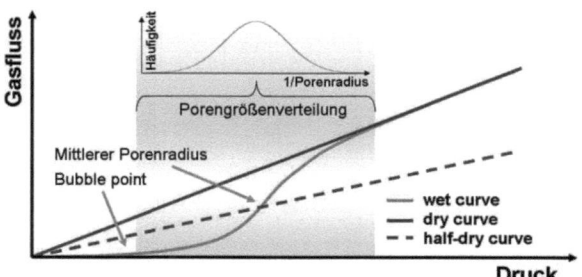

Abbildung 4.5: *Beispielhafte Darstellung einer Porometrie Messkurve. Durch Bestimmung der wet curve sowie der dry curve und Berechnung der half dry curve lassen sich bubble point, mittlerer Porenradius sowie Porenradienverteilung bestimmen (nach [Ohl06]).*

Folge hat. Anschließend werden bei höheren Drücken auch kleinere Poren entleert, bis sich schließlich keinerlei Flüssigkeit mehr in der Membran befindet. Ab diesem Druck fällt der Flussanstieg ab und steigt mit geringerer Steigung bei idealen Proben linear weiter an. Eine zweite Messung an derselben Probe in trockenem Zustand ergibt von Beginn an ein kontinuierliches Ansteigen und endet idealerweise auf der ersten Messkurve (dry curve). Die Software berechnet die Winkelhalbierende dieser Messkurve (half dry curve), aus deren Schnittpunkt mit der wet curve sich der mittlere Porenradius berechnen lässt. Eine schematische Darstellung einer Porometrie-Messkuve ist in Abbildung 4.5 dargestellt.

In dieser Arbeit wurden Porometriemessungen eingesetzt, um CNT-Polymer-Komposit-Membranen zu charakterisieren. Die angelegten Druckdifferenzen lagen im Bereich von 0,5 bis 30 bar, die berechneten Porenradien zwischen 10 nm und 700 µm.

4.2.4 UV-VIS-Spektrometrie und Photometrie

An einem UV-2450 der Firma Shimamdzu wurden UV-VIS Messungen durchgeführt, um die CNT-Konzentration in Dispersionen zu bestimmen. Bei UV-VIS Spektrometrie werden Moleküle mit elektromagnetischen Wellen im Bereich des sichtbaren, des ultravioletten sowie des nahinfraroten Lichts (Wellenlängenbereich 190 nm - 1100 nm) bestrahlt. Dabei werden Valenzelektronen angeregt und auf ein höheres Energieniveau

4.2 Physikalische Grundlagen der verwendeten Messmethoden

gehoben. Die Photonenenergie entspricht der Energiedifferenz zwischen den Energieniveaus

$$\Delta E = \frac{h \cdot c}{\lambda} \tag{4.7}$$

wobei h das Plancksche Wirkungsquantum und c die Lichtgeschwindigkeit ist. Der Messaufbau ist so gestaltet, dass der Lichtstrahl zunächst über einen Sektorspiegel auf die beiden Messküvetten mit Probenlösung und Referenzlösung gelenkt wird. Die beiden Lichtstrahlen werden vom Detektor empfangen, verstärkt und die Differenz als Messsignal ausgegeben. Als Messkurve erhält man je nach Einstellung die Absorption oder Transmission als Funktion der Wellenlänge.

Da an einem typischen UV-VIS Spektrum von Carbon Nanotubes bereits zu erkennen ist, dass keine große Abhängigkeit von der eingestrahlten Wellenlänge existiert, sondern CNTs vielmehr nahezu in jedem Bereich stark streuen, lassen sich aus UV-VIS Spektren nicht besonders viele Aussagen treffen. Lediglich bei funktionalisierten Nanotubes kann mittels UV-VIS Spektroskopie auf die angebundenen Gruppen geschlossen werden.

Im Rahmen dieser Arbeit wurden am UV-VIS Gerät hauptsächlich photometrische Messungen durchgeführt. Dabei wird bei einer festen Wellenlänge (in dieser Arbeit λ = 500 nm) die Transmission einer Dispersion oder Lösung gemessen. Die Transmission hängt von der Absorption des dispergierten Stoffes, der Länge des Lichtwegs und der Konzentration der Dispersion ab. Sind die beiden ersten Werte konstant, so kann mittels Photometrie auf die Konzentration der Dispersionen geschlossen werden. Die mathematische Gesetzmäßigkeit wird duch das Lambert-Beersche Gesetz beschrieben und lautet:

$$E_\lambda = -\lg T = -\lg\left(\frac{I_1}{I_0}\right) = \epsilon_\lambda \cdot c \cdot d, \tag{4.8}$$

wobei I_1 die Intensität des transmittierten Lichtes, I_0 die Intensität des einfallenden Lichtes, c die Konzentration der absorbierenden Substanz in der Flüssigkeit, ϵ_λ der dekadische Extinktionskoeffizient und d die Schichtdicke des durchstrahlten Körpers (Küvette) ist. Die Formel ergibt sich aus der exponentiellen Abschwächung der Intensität in dämpfenden Stoffen für sich ausbreitenden Strahlungen aller Art

$$I_1 = I_0 \cdot e^{-\epsilon c d}.$$

Das Auftragen der Extinktion gegen die Konzentration ergibt eine Gerade. Somit können Konzentrationen von unbekannten Dispersionen bestimmt werden.

4.2.5 Bestimmung der elektrischen Leitfähigkeit mittels der Vier-Punkt-Methode

Die Vier-Punkt-Methode ist ein Verfahren zur Bestimmung der elektrischen Leitfähigkeit von Festkörpern. Durch Trennung von Stromversorgung und Spannungsmessung ist eine stromlose Messung nahezu unabhängig von Kontakt- und Leitungswiderständen möglich.

Da nur an der Oberfläche gemessen wird, muss das in der Probe entstehende elektrische Feld berechnet werden. Bei Annahme radialsymmetrischer Felder und Integration über das elektrische Feld entlang des Weges zwischen zwei Messpitzen, erhält man nach einigen Rechenschritten (z.B. [Smi58]) für den spezifischen Widerstand

$$\rho = \frac{U}{I} \cdot \frac{\pi d}{\ln 2} \tag{4.9}$$

oder mit der Beziehung $\rho = d \cdot \rho_\square$ den Flächenwiderstand

$$\rho_\square = \frac{U}{I} \cdot \frac{\pi}{\ln 2}. \tag{4.10}$$

Der Kehrwert des spezifischen Widerstandes ist die spezifische elektrische Leitfähigkeit σ (auch κ oder γ). Die Einheit ist S/m und ist definiert als die Proportionalitätskonstante zwischen Stromdichte $\vec{j}$ und der elektrischen Feldstärke $\vec{E}$:

$$\vec{j} = \sigma \vec{E}. \tag{4.11}$$

Dies ist bei konstanter elektrischer Leitfähigkeit das Ohmsche Gesetz.

Im Rahmen dieser Arbeit wurden 4-Punkt-Messungen durchgeführt, um Leitfähigkeiten von CNT-Polymer-Komposit-Membranen sowie von Bucky Papern zu bestimmen. Die Membrandicken der Komposite lagen dabei zwischen 20 und 80 µm. Durch Prozessoptimierung konnten Leitfähigkeiten von bis zu 1 S/m erreicht werden. Im Fall von Bucky Papern lagen die gemessenen Leitfähigkeiten zwischen 30 und 70 S/cm.

4.2.6 Rheologie

Aus dem Gebiet der rheologischen Untersuchungen wurde die Viskositätsmessung eingesetzt. Die Viskosität ist ein Maß für die Fließfähigkeit eines Fluids und ist definiert als Proportionalitätskonstante η in der Definitionsgleichung

$$F = \eta A \frac{\partial v}{\partial x}, \tag{4.12}$$

4.2 Physikalische Grundlagen der verwendeten Messmethoden

wobei F die Kraft, A die Fläche, v die Geschwindigkeit und x der Abstand zweier Platten ist. Das Experiment, welches der Gleichung zu Grunde liegt, sieht zwei im Abstand x angeordnete Platten vor. Dazwischen befindet sich die zu messende Flüssigkeit, die mit beiden Platten in Kontakt ist. Bewegt man eine der beiden Platten mit der Geschwindigkeit v, so ist die dafür nötige Kraft proportional zur Plattenfläche A und indirekt proportional zum Abstand der Platten x. Die sich ergebende Einheit ist Ns/m^2 bzw. Pa·s. In Abbildung 4.6 ist die Viskositätsmessung verdeutlicht.

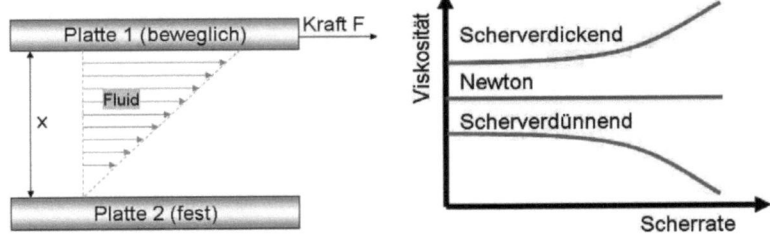

Abbildung 4.6: *Links: Schematische Darstellung der Viskositätsmessung eines Couette-Rheometers. Rechts: Viskositätsverhalten unterschiedlicher Substanzen. Newtonsche Flüssigkeiten zeigen im Gegensatz zu scherverdickenden (dilatanten) und scherverdünnenden (pseudoplastischen) Fluiden keine Abhängigkeit der Viskosität von der Scherrate (nach [Mez07]).*

Ist η unabhängig vom Geschwindigkeitsgradienten $\partial v/\partial x$, so werden diese Fluide als *Newtonsche Flüssigkeiten* bezeichnet. Dies war für die meisten im Rahmen dieser Arbeit untersuchten Flüssigkeiten gegeben. Lediglich die eingesetzten wässrigen Xanthan-Lösungen verhalten sich strukturviskos. Erklärungen hierzu finden sich in gängiger Literatur (z.B. [Mez07] oder [Sch11]).

Die Messungen wurden an einem Physica MCR301 der Firma Anton Paar GmbH (Graz, Österreich) bei einer Temperatur von 25 °C durchgeführt. Hierbei handelt es sich um ein Rotationsviskosimeter, bei dem eine Platte gegen eine andere Platte gedreht wird. Zwischen den beiden Platten befindet sich die zu messende Flüssigkeit. Während der Rotation wird das aufzuwendende Drehmoment gemessen und anschließend die dynamische Viskosität errechnet. Die Rotation kann entweder kontinuierlich in eine Richtung oder als feine Oszillationen um die Z-Achse ausgeführt werden. Oszillationsmessungen haben den Vorteil, dass ohne Zerstörung der Struktur der Flüssigkeit, Messungen im linearen Bereich der viskoelatischen Probe durchgeführt werden können. Dominieren die viskosen Eigenschaften der Probe gegenüber den elastischen, so wird die Viskosität mittels Rotation bestimmt.

In dieser Arbeit wurden Viskositäten von wässrigen Tensidlösungen und Polymerlösungen ermittelt. Tensidlösungen wurden mittels Verdicker (Xanthan) modifiziert, um im Viskositätsbereich zwischen $\eta = 10^{-2}$ und $10^2\, Pa \cdot s$ den Einfluss einer Ultraschallbehandlung auf die Dispergierfähigkeit von Carbon Nanotubes zu untersuchen.

4.3 Grundlagen der verwendeten Dispergierverfahren

4.3.1 Ultraschalldispergierung

Beschallt man Flüssigkeiten mit hoher Intensität, so werden durch die Schallwellen alternierende Hochdruckzyklen (Kompression) und Niederdruckzyklen (Rarefaktion) erzeugt, deren Schwingungsrate von der Frequenz abhängt [Ban06]. Im Niederdruckzyklus werden kleine Vakuumblasen und Hohlräume im flüssigen Medium gebildet. Ist deren Volumen so groß, dass sie keine weitere Energie absorbieren können, so platzen sie während des Hochdruckzyklus. Dieser Vorgang wird Kavitation genannt. Im Moment der Implosion werden lokale Drücke von bis zu 2000 bar erreicht. Die dadurch auftretenden Scherkräfte sind so groß, dass Agglomerate aufgebrochen und in diesem Fall CNTs vereinzelt werden können. Dieses Verfahren wird üblicherweise verwendet, um CNTs in flüssigen Medien zu deagglomerieren und zu dispergieren [PHHS04]. Um eine homogene Verteilung des Energieeintrags sicherzustellen, werden spezielle Gefäße, so genannte Rosettenzellen verwendet. Experimente im Vorfeld dieser Arbeit haben ergeben, dass diese spezielle Gefäßgeometrie notwendig ist, um ein effektives Dispergieren der Nanotubes zu ermöglichen. Das Prinzip der Ultraschalldispergierung zeigt Abb. 4.7.

Industriell werden Ultraschallgeräte unterschiedlicher Größe zum Dispergieren und Deagglomerieren jeden Volumens im Batch oder im In-line-Prozess verwendet. Sie kommen bei Prozessentwicklungen und Produktionen für Batches zwischen 0,5 L und 2000 L oder für Durchflussraten von 0,1 L bis 20.000 L pro Stunde zum Einsatz. Ultraschall-Laborgeräte werden für Volumina zwischen 0,1 mL und 2 L eingesetzt.

4.3.2 Dispergierung mittels Ultra Turrax

Ein Ultra Turrax ist ein Mischer nach dem Rotor-Stator Prinzip. Am Ende einer Röhre rotiert ein Zahnkranz (Rotor) innerhalb eines zweiten Zahnkranzes (Stator). Durch die auftretenden Scherkräfte werden die Partikel zerkleinert und dispergiert. Das Prinzip eines Ultra Turrax zeigt Abbildung 4.8 (links).

Mittels Ultra Turrax können grundsätzlich Gebindegrößen zwischen 1 mL und 1500 mL bearbeitet werden. Die Drehzahl beträgt bis zu 25.000 rpm. Diese Dispergiermethode ist prinzipiell auch für die Herstellung einer Emulsion, also der Vermischung zweier

Kapitel 4 Materialien und Methoden

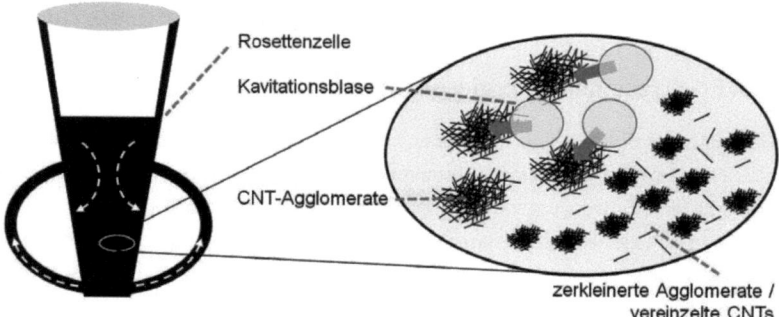

Abbildung 4.7: *Schematische Darstellung einer Ultraschallzelle (links) sowie der Vorgänge bei der Ultraschalldispergierung (rechts).*

Flüssigkeiten geeignet. Vorteile des Verfahrens sind eine geringe Kontamination sowie der geringe Reinigungsaufwand.

In einigen Veröffentlichungen wird die Methode des Ultra Turrax zur Disperierung von Carbon Nanotubes (teilweise in Verbindung mit Ultraschallbehandlung) verwendet [GLvL+08]. Hierbei wird jedoch die hergestellte Dispersion ohne weitere Zentrifugation verwendet. Inwieweit sich der Ultra Turrax eignet, CNT-Agglomerate nicht nur zu dispergieren sondern diese zunächst auch in einzelne CNTs aufzubrechen, wurde im Rahmen dieser Arbeit untersucht.

4.3.3 Dispergierung mittels Kugelmühle

Eine Kugelmühle besteht aus einem meist zylinderförmigen Behälter, der mit Mahlkörpern (Stahl, Glas oder Keramik) gefüllt ist. Die Mahlkörper nehmen dabei zwischen 70 und 90 % des Volumens ein. Zusätzlich befindet sich ein Rührwerk im Inneren, das eine intensive Bewegung der Mahlkörper sicherstellt. Der Aufbau einer Kugelmühle ist schematisch in Abbildung 4.8 (rechts) dargestellt.

Die Bewegungsformen der Mahlkörper ergeben sich aus der Drehzahl. Bei niedrigen Drehzahlen findet Kaskadenbewegung statt, bei der die Kugeln nur abrollen. Mit steigender Drehzahl werden die Kugeln angehoben und fallen auf das Mahlgut, es ergibt sich die sogenannte Kataraktbewegung. Oberhalb einer kritischen Drehzahl werden die Kugeln von der Zentrifugalkraft an die Trommelwand gedrückt und es findet keinerlei

4.3 Grundlagen der verwendeten Dispergierverfahren

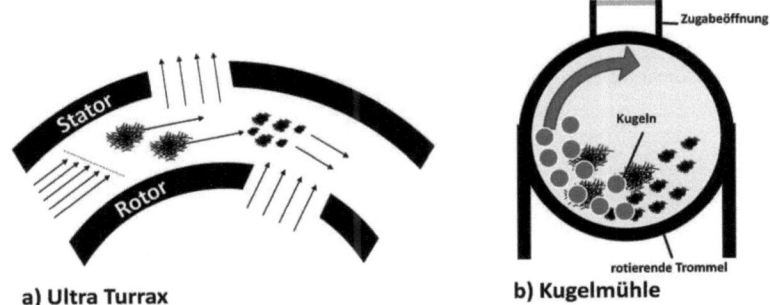

a) Ultra Turrax b) Kugelmühle

Abbildung 4.8: *Links: Wirkungsweise eines Ultra Turrax. Rechts: Schematischer Aufbau einer Kugelmühle. (nach [Sch09])*

Bewegung oder Vermahlung statt. Die optimale Rotationsgeschwindigkeit liegt also oberhalb der einsetzenden Kataraktbewegung und unterhalb der kritischen Drehzahl. Grundsätzlich findet bei Dispergierung mittels Kugelmühlen ein vergleichsweise eher geringer Energieeintrag statt [Sch09].

Kugelmühlen werden sowohl bei der Nass- als auch bei der Trockenmahlung eingesetzt. Im Rahmen dieser Arbeit wurden die zu suspendierenden CNT-Partikel der wässrigen SDS-Lösung zwischen den Mahlkörpern zerrieben und durch die Scherkräfte zerkleinert. In wieweit die Kräfte der Kugelmühle ausreichen, um CNT-Agglomerate aufzubrechen, wird in Kapitel 5.1.1 näher erläutert.

4.3.4 Hochdruckdispergierung

Bei der In-Line-Hochdruckdispergierung werden die Scherkräfte dadurch aufgebracht, dass flüssiges Medium und zu suspendierender Stoff mit hohem Druck (bis zu 1500 bar) durch eine Düse oder ein Düsensystem gepresst werden. Dieser Prozess kann quasi-kontinuierlich betrieben werden. Ein Hochdruckdispergierer kann Suspensionen mit vornehmlich konglomerierten Feststoffen unter hohem Druck durch eine Düse oder Entspannungsvorrichtung fördern. Dieses kann in einem oder mehreren Umläufen geschehen. Durch eine regelbare Pumpenleistung kann das Druckniveau dem jeweils gewählten Düsendurchmesser und der Viskosität der Suspension angepasst werden. Damit können unterschiedliche Scherbeanspruchungen realisiert werden.

Diese Scherkräfte nehmen jedoch mit sinkender Partikelgröße des zu dispergierenden Stoffes ab. Ob die bei Hochdurckdispergierung auftretenden Kräfte ausreichen, um CNT-Agglomerate aufzubrechen, wurde in dieser Arbeit untersucht und wird ebenfalls in Kapitel 5.1.1 beschrieben.

4.4 Herstellung von reinen CNT-Membranen

Aus sämtlichen in Kapitel 4.1 genannten CNT Materialien wurden Papiere aus reinen Kohlenstoffnanoröhren hergestellt, sogenannte Bucky Paper. Im Rahmen dieser Arbeit wurden Bucky Paper aus drei Gründen hergestellt und untersucht:

1. Eine **Oberflächenmodifikation** von CNTs mittels Niederdruck-Plasmatechnik ist auf Flachsubstraten einfacher durchzuführen. Dies liegt an der definierten zweidimensionalen Struktur des Bucky Papers mit einer größeren Oberflächenhomogenität gegenüber dem Pulvermaterial. Dies resultiert wiederum in einer gleichmäßigeren und damit reproduzierbareren Behandlung. Die Modifizierung ist damit also nicht mehr von der Agglomeratgröße, der Morphologie und Verunreinigungen des Rohmaterials abhängig.

2. Die **Charakterisierung** von Carbon Nanotubes wird vereinfacht, wenn CNTs nicht als Pulver, sondern als einfacher handhabbare Bucky Paper vorliegen. Rasterelektronenmikroskopische Aufnahmen am Rohmaterial, X-Ray Photoelektron Spektroskopie an plasmabehandelten Proben sowie Messungen der Oberflächenenergie mittels Kontaktwinkel sind an Pulvermaterial nicht oder nur sehr schwer möglich. Gerade bei Kontaktwinkelmessungen ist eine Mindestgröße von ca. 1 cm^2 nötig, eine Messung auf einzelnen CNT-Agglomeraten ist nicht möglich. Eine Messung an Pulverschüttungen ist zwar theoretisch ebenfalls möglich, jedoch ist die dazu nötige Schüttdichte schwer zu ermitteln. Außerdem setzt diese Messmethode eine gewisse Benetzbarkeit voraus.

3. Reine Bucky Paper wurden in dieser Arbeit außerdem auf ihre **Anwendungsmöglichkeit als Membranen** untersucht. Diese Experimente zu schaltbaren Membranen, Antifouling sowie Adsorptionmembranen werden in Kapitel 5.2 näher erläutert.

4.4.1 Herstellung von Bucky Paper

Die Herstellung eines Bucky Papers ist in Abbildung 4.9 dargestellt. Es wurde zunächst das CNT-Rohmaterial in wässriger Tensidlösung dispergiert. Standardmäßig wurden 150 mg Nanotubes in 150 mL wässrige Lösung des Tensids SDS (Natriumdodecylsulfat) gegeben. Die SDS Konzentration lag üblicherweise bei $c(\text{SDS}) = 0.01$ mol/L. Diese

Kapitel 4 Materialien und Methoden

Einwaagen sowie sämtliche Parameter, die im folgenden Herstellungsprozess erwähnt werden, beziehen sich auf die Anfertigung eines Standard Bucky Papers aus Material Baytubes 150P der Firma Bayer Materials Science. Für andere Materialien bzw. Untersuchungen zur Dispergierfähigkeit wurden die Parameter entsprechend variiert, die Zahlenwerte finden sich an den entsprechenden Stellen im Kapitel „Ergebnisse und Diskussion" dieser Arbeit.

Die Dispergierung erfolgte mittels Ultraschallsonotrode mit einem Gerät der Firma Hielscher. Die Einstellungen betrugen hierbei 80 % Amplitude ($=48$ W), Lastverhältnis 0,6 sowie Behandlungszeit $t=30$min. Um ein Erwärmen der Dispersion zu vermeiden, erfolgte die Ultraschallbehandlung im Eisbad. Die CNT-Dispersion wurde anschließend bei einer Kraft von $F=4500$ rcf für 15 Minuten zentrifugiert. Hierbei setzten sich nicht aufgebrochene CNT-Agglomerate, große Partikel von amorphem Kohlenstoff sowie eventuell vorhandener freier Katalysator am Boden ab.

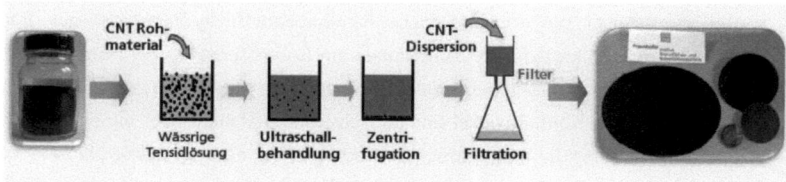

Abbildung 4.9: *Schematische Darstellung der Bucky Paper Herstellung*

Der Überstand wurde durch Überdruckfiltration ($p=7$ bar) über eine Polycarbonat-Kernspurmembran mit einer Porengröße von 400 nm filtriert. Um verbleibende Tensidrückstände im Bucky Paper zu verhindern, wurde zweimal mit 60 °C warmem, deionisiertem Wasser gespült. Nach Trocknung unter Atmosphäre für 24 Stunden konnte der Filterkuchen als Bucky Paper von der PC-Membran abgezogen werden. Durch Filtrationsreaktoren unterschiedlicher Größe konnten Bucky Paper bis zu einer Größe von $d=15$ cm hergestellt werden.

Um Eigenschaften von Carbon Nanotubes, wie z.B. die Dispergierfähigkeit, zu untersuchen, wurden zahlreiche Parameter im Bucky Paper-Herstellungsprozess variiert. So wurde der Einfluss von CNT-Einwaage, Tensidart und Tensidmenge, Ultraschallzeit, Ultraschalleistung, Zentrifugationsgeschwindigkeit und Zentrifugationsdauer systematisch untersucht. Diese Ergebnisse werden später in Kapitel 5.1 dargestellt und diskutiert. Die Verwendung von Bucky Papern als Filtrationsmembranen wird in Kapitel 5.2 erörtert. Interessante theoretische Betrachtungen zu Bucky Papern, insbesondere der Wechselwirkung von CNTs unterschiedlicher Chiralität miteinander finden sich bei [LK11].

4.4.2 Herstellung von parylenbeschichteten Bucky Paper und Messaufbau zur Bestimmung von Membraneigenschaften unter angelegter Spannung

Die hergestellten Bucky Paper wurden teilweise mit einer Polymerschicht versehen, um anschließend die Membraneigenschaften unter Anlegen einer elektrischen Spannung zu untersuchen. Das Beschichtungsverfahren sowie der Messaufbau zur Membrancharakterisierung soll in diesem Abschnitt erläutert werden.

Als Polymer wurde Parylen C gewählt und mittels chemischer Gasphasenabscheidung (CVD engl. *chemical vapour deposition*) aufgebracht. Parylen besitzt gute elektrische Isolationeigenschaften mit hoher Spannungsfestigkeit und niedriger Dielektrizitätskonstante. Hierdurch ist das Polymer gut für die untersuchte Anwendung geeignet. Die repetierende Einheit im Polymer Parylen C besteht aus einem Benzolring mit zwei gegenüberliegenden Methylengruppen sowie einem Chloratom am dritten Kohlenstoff. Parylen liegt zunächst als Dimer vor (siehe Abb 4.10), bei dem die Monomere an zwei Stellen über Kohlenstoffeinfachbindungen verbunden sind. Im Verdampfer wird dieses Dimer bei einer Temperatur von 137 °C in die Gasphase überführt.

Anschließend findet im Ofen bei 650 °C eine heterolytische Bindungstrennung der beiden Kohlenstoffbindungen statt. Hierdurch entstehen Monomere, die im temperierten Reaktorvolumen standardmäßig bei 25 °C auf der Probenoberfläche kondensieren und polymerisieren. Die Schichtdicke wird über die Einwaage an verwendetem Dimer gesteuert. Im Rahmen dieser Arbeit wurden Schichtdicken von 0,5 - 4 µm hergestellt.

Um eine Beschichtung des Bucky Papers auf der Unterseite zu verhindern, verblieb das Bucky Paper nach der Herstellung auf der Polycarbonatmembran. Erst nach der Parylen Beschichtung erfolgte das Ablösen vom Filter.

Um den Einfluss eines elektrischen Feldes auf die Membraneigenschaften eines CNT Sheets zu untersuchen, wurden parylenbeschichtete Bucky Paper in eine modifizier-

Kapitel 4 Materialien und Methoden

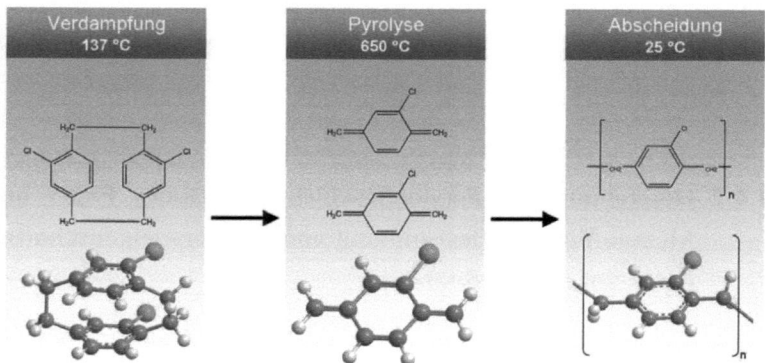

Abbildung 4.10: *Vorgänge beim Parylen-CVD-Prozess. Das Dimer wird zunächst verdampft, anschließend durch Pyrolyse gespalten und polymerisiert letztlich auf der Probenoberfläche aus.*

te Filtrationszelle gegeben. Hierbei ermöglichten zwei flache Kupferelektroden eine Kontaktierung des Bucky Papers an der Unterseite. Eine Kupferelektrode in der Flüssigkeit konnte ebenfalls von außen mit einem elektrischen Potential versehen werden. Der Messaufbau ist in Abb 4.11 dargestellt.

Hierbei sind A1/A2 die beiden unteren Flachelektroden, A3 stellt die obere Elektrode in der Flüssigkeit dar. Auf eine poröse Filtermembran (B) wird das Bucky Paper (C) mit Parylenbeschichtung (D) gegeben. Die zu filtrierende Flüssigkeit (Wasser) (E) wird im Reaktorraum (F) mit Druck (G) beaufschlagt. Das Filtrat fließt anschließend über den Ablauf (H) ab.

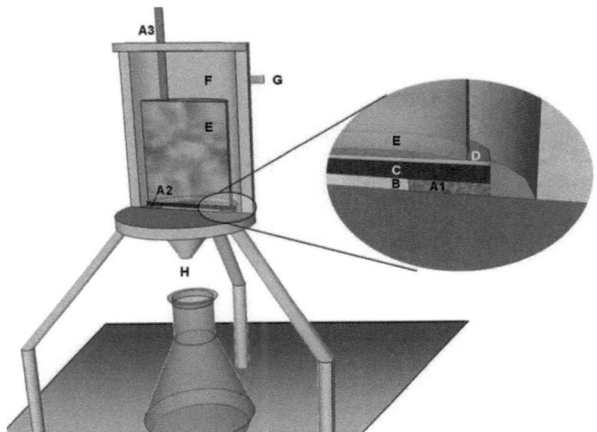

Abbildung 4.11: *Filtrationszelle, in der das Permeationsverhalten von parylenbeschichteten Bucky Papern unter angelegter Spannung gemessen wurde.*

4.5 Herstellung von CNT-Polymer-Kompositen

Neben reinen CNT-Membranen wurden in dieser Arbeit CNT-Polymer-Komposite als Membranen untersucht. Hierbei wurden Carbon Nanotubes als Partikelfüllstoff in einer Polymermatrix mit herkömmlichen Füllstoffen wie TiO_2 oder Carbon Black verglichen. Die verwendeten Polymersysteme sowie die Verfahren zur Membranherstellung werden in den folgenden Abschnitten beschrieben.

4.5.1 Polymersysteme

Als Polymer wurde überwiegend das hochtemperaturstabile Polysulfon (PSU) verwendet. Die Strukturformel der repetierenden Einheit ist in Abbildung 4.12 dargestellt. Polysulfon wird industriell durch eine mehrstufige Polykondensation von Bisphenol A mit 4,4'-Dichlordiphenylsulfon hergestellt. Polysulfon wurde als Membranmaterial erstmals in den 1960er Jahren verwendet, um cellulosische Membranen zu ersetzen [Ohl06]. Die Details der Herstellung für PSU-Membranen finden sich in zwei grundlegenden US-Patenten [Wra86] [KHKV92].

Verwendet wurde Polysulfon in den hier beschriebenen Experimenten aus unter-

Kapitel 4 Materialien und Methoden

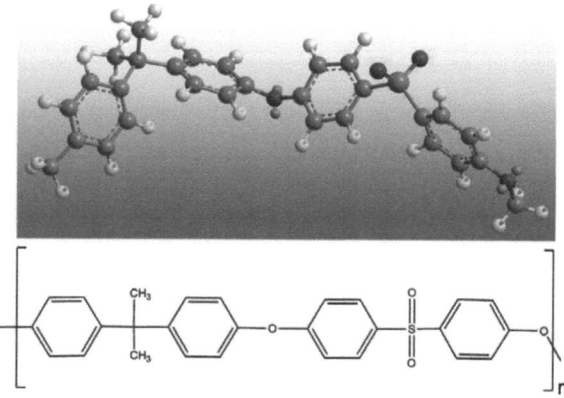

Abbildung 4.12: *Strukturformel und 3D-Modell von Polysulfon (erstellt mit ACD/ChemSketch)*

schiedlichen Gründen. Zum einen lag bereits vor dieser Arbeit großes Fachwissen zur Herstellung von PSU Membranen am IGVT vor. Zum anderen sind die Eigenschaften des Kunststoffes wie hohe pH-Stabilität, thermische Stabilität und die Möglichkeit, poröse Membranen mit breitem Porenspektrum herstellen zu können, weitere Fakten, die für PSU sprechen. Um unerwünschte Eigenschaften, wie eine geringe Wasserbenetzbarkeit (Hydrophobie) oder die Tendenz zur unspezifischen Adsorption von Substanzen (Fouling) zu verringern, wurde teilweise auch mit Blends aus Polysulfon, sulfoniertem Polysulfon, PEG (Polyethylenglykol) sowie S-Peek (sulfoniertes Polyetheretherketon) gearbeitet. Die wissenschaftlichen Untersuchungen zur Verwendung unterschiedlicher Polymerblends finden sich in der Dissertation von K. Roelofs [Roe10].

4.5.2 Verfahren zur Membranherstellung

Zur Herstellung der Membranen wurde zunächst das Polymer in einem geeigneten Lösemittel gelöst. Für das hauptsächlich verwendete Polymer Polysulfon (PSU) wurde zunächst N-Methyl-2-Pyrrolidon (NMP), später N-Ethyl-2-Pyrrolidon (NEP) verwendet. Eine Lösung von 25 gew. % PSU in NEP wurde durch Rühren bei 50° C hergestellt.

MWCNT wurden durch Ultraschall ebenfalls in NEP dispergiert und anschließend

4.5 Herstellung von CNT-Polymer-Kompositen

zentrifugiert, um nicht aufgebrochene Agglomerate zu beseitigen. Die CNT-Dispersion wurde in die hochviskose Polymerlösung eingerührt. Durch die separate Herstellung von Polymerlösung und CNT-Dispersion wird eine Vereinzelung der Nanotubes sowie ein Entfernen von Katalysatorresten, großen Agglomeraten sowie amorphem Kohlenstoff sichergestellt. Im Gegensatz zur Herstellung von CNT-Polymer-Kompositen mittels Extrusion (vgl. z.B. [PBJ04]), erreicht man mit dem hier beschriebenen Verfahren eine zusätzliche Aufreinigung des CNT Materials. Dies resultiert in einer erhöhten elektrischen Leitfähigkeit bei gleichem CNT-Füllgrad (vgl. [PZMV09]).

Zur Herstellung von Flachmembranen wurde die Polymer-CNT-NEP-Dispersion auf einer Glasplatte gerakelt. Hierzu werden 5 mL Probe auf einer Fläche von ca. 20x30 cm mittels eines Rakels verteilt. Die Rakelhöhe betrug 0,6 mm. Nach dem Rakeln wurde das Lösemittel (NEP) entfernt. Dies erfolgte auf zwei unterschiedliche Arten:

- **Abdampfen des Lösemittels**
  Bei diesem Prozess wird die gerakelte CNT-Polymer-Dispersion im Trockenschrank bei 150° C und einem Druck von $p = 50 - 100$ mbar für 24 Stunden gelagert. Dabei verdampft das Lösemittel und das Polymer bildet eine symmetrische, eher dichte Membran. Diese kann anschließend leicht von der Glasplatte abgezogen werden. Aufgrund der Struktur erhält man mit diesem Prozess und den verwendeten Materialien transparente bzw. je nach CNT Füllgrad klare bis graue oder schwarze Membranen. Eine klassische Anwendung solcher Membranen ist die Abtrennung von Gasen.

- **Phaseninversionsprozess**
  Beim sogenannten Phaseninversionsprozess wird das Lösemittel nach dem Rakeln rasch entfernt, indem es durch eine andere Flüssigkeit ausgetauscht wird. Das Polymer ist in der zweiten Flüssigkeit unlöslich und fällt in Form einer asymmetrischen, porösen Membran aus. Im hier verwendeten Polymersystem wurde NEP als Lösemittel und Wasser als Nichtlösemittel verwendet. Nach dem Rakeln wurde die Glasplatte mit Polymerlösung sofort oder nach einer definierten Wartezeit (z.B. 30 Sekunden) in ein wässriges Fällbad getaucht. Der Austausch von Lösemittel und Nichtlösemittel führt zur Phasentrennung. Man erhält mit diesem Verfahren intransparente Membranen, die typischerweise für Dialyse oder Ultra- und Mikrofiltration angewendet werden.

Kapitel 4 Materialien und Methoden

Der Mechanismus, der zur Porenbildung führt sowie die zu Grunde liegende Thermodynamik, finden sich z.B. bei Reuvers [Reu87] oder Boom [BVdBS94]. Der vollständige Prozess kann jedoch nur näherungsweise mathematisch beschrieben werden, eine genaue Vorhersage der enstehenden Membranstruktur ist schwierig [Ohl06].

Eine Übersicht über verschiedene Membrantypen, die Herstellungsverfahren sowie ihre Anwendungen ist in Abb 4.13 dargestellt.

4.5 Herstellung von CNT-Polymer-Kompositen

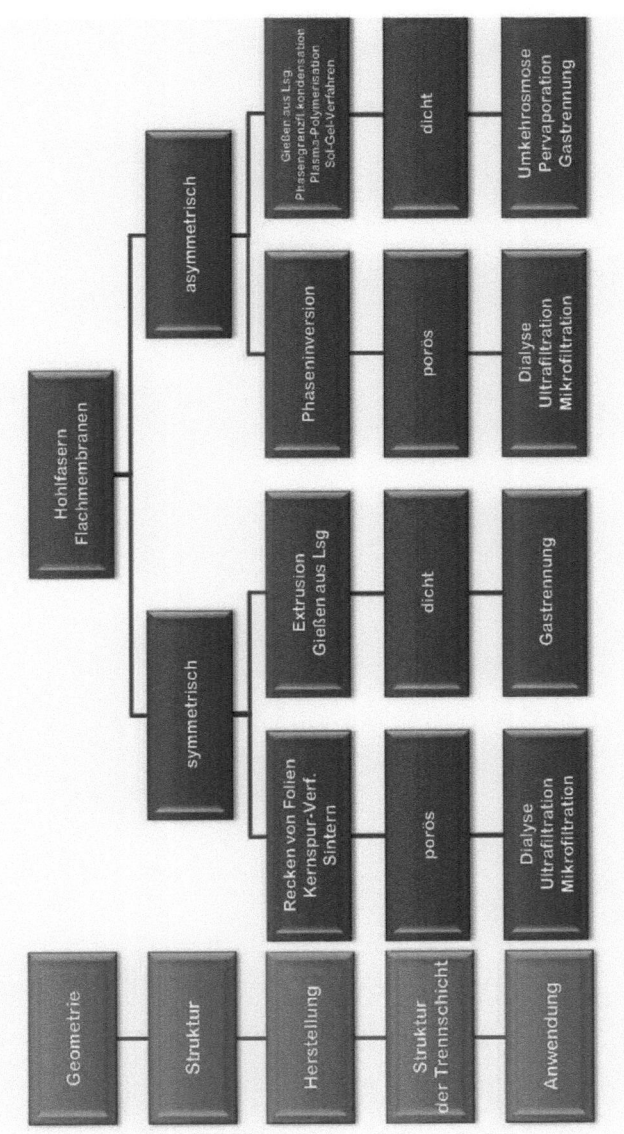

Abbildung 4.13: *Übersicht über unterschiedliche Membrantypen, Herstellungsverfahren sowie typische Anwendungen (nach [Ohl06])*

Kapitel 5

Ergebnisse und Diskussion

In diesem Kapitel werden die Ergebnisse der im Rahmen dieser Arbeit durchgeführten Versuche dargestellt. Soweit möglich, werden die Resultate mit Modellvorstellungen korreliert, die die auftretenden Effekte anschaulich erklären können. Das Kapitel gliedert sich in drei Bereiche. Im ersten Abschnitt wird die Dispergierung von Carbon Nanotubes in unterschiedlichen Medien diskutiert. Dieser wichtige Prozessschritt ist Gegenstand weltweiter Forschung und Entwicklung in der Industrie und stellt auch den Kernpunkt dieser Arbeit dar. Anschließend wird im Kapitel 5.2 „Dispergierung in wässrigen Lösungen zur Herstellung von Bucky Paper-Membranen" auf die Herstellung von CNT-Sheets eingegangen und ihre mögliche Anwendbarkeit in der Membrantechnologie diskutiert. Im letzten Abschnitt werden die Ergebnisse der CNT-Polymer-Komposit-Herstellung gezeigt. Daneben werden die Eigenschaften der hergestellten Polymer-Komposit-Membranen dargestellt und diskutiert.

5.1 Dispergierung von Carbon Nanotubes

Einer der wichtigsten Verfahrensschritte bei der Verarbeitung von Carbon Nanotubes ist die Dispergierung, also die gleichmäßige Verteilung einzelner Nanotubes in einer Phase. Diese Phase kann dabei flüssig, in Form eines Lösemittels oder fest, in Form eines Polymer-Komposites, vorliegen. Dieser Prozessschritt ist für nahezu alle Anwen-

Kapitel 5 Ergebnisse und Diskussion

dungen von CNTs essenziell und maßgeblich für die Eigenschaften des finalen Produktes. Die systematische Untersuchung des Einflusses unterschiedlichster Parameter auf die Qualität der CNT-Dispersion stellt daher einen der Hauptaspekte der vorliegenden Arbeit dar. Dadurch soll es ermöglicht werden Vorhersagen zu treffen, unter welchen Bedingungen und bei welchen Prozessen gute CNT-Dispersionen zu erwarten sind.

Hierzu muss zunächst jedoch geklärt werden, was eine CNT-Dispersion ausmacht. Eine gute CNT-Dispersion zeichnet sich durch folgende Eigenschaften aus:

- Die Carbon Nanotubes liegen isoliert und vereinzelt vor.
- Die Konzentration an Carbon Nanotubes ist möglichst hoch.
- Die Dispersion ist langzeitstabil.
- Die Carbon Nanotubes sind gleichmäßig im Dispersionsmedium verteilt, die Dispersion ist also homogen.

Hierbei sind die Begriffe Homogenität und Vereinzelung streng zu unterscheiden, wie in Abbildung 5.1 verdeutlicht.

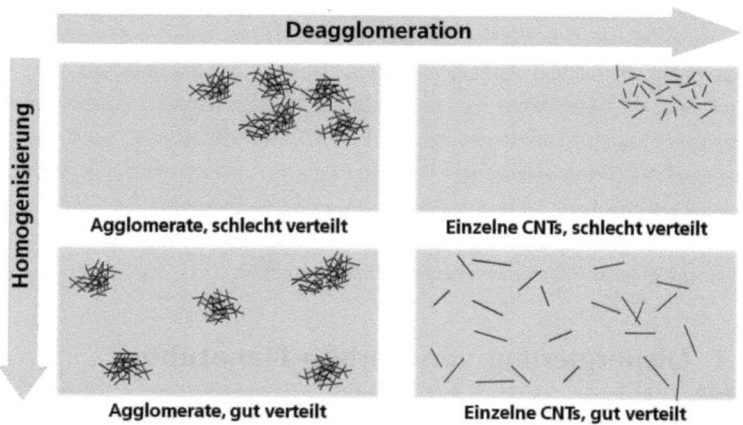

Abbildung 5.1: *Schematische Darstellung unterschiedlicher Verteilungsmöglichkeiten von CNTs in einem Medium. Ziel ist sowohl eine Vereinzelung (Deagglomeration) als auch eine homogene Verteilung (rechts unten).*

5.1 Dispergierung von Carbon Nanotubes

Tabelle 5.1: *Variierte Parameter der CNT Dispergierung*

Parameter	Variationsbereich	Ergebnisse
Dispergierverfahren	Ultraschall, Ultra Turrax, Rührwerkskugelmühle, Hochdruckdispergierung	S. 100
Hersteller	Future Carbon, Nanocyl, Showa Denko, Baytubes	S. 103
Einwaagemenge	0,5 - 8 g/L	S. 106
Tensidkonzentration	0,005 - 0,02 mol/L	S. 107
Zentrifugationsdauer	0 - 60 min	S. 114
Temperatur	(-50°C) - (+70°C)	S. 115
Lösemittel	Diverse organische Lösemittel sowie ionische Flüssigkeiten	S. 116
Oberflächenspannung	65 mN/m^2, 85 mN/m^2	S. 121
Viskosität	$5,0 \cdot 10^{-3}$ - 10^2 Pa·s	S. 124

Im Rohmaterial liegen Carbon Nanotubes, wie bereits erläutert, nicht einzeln sondern auf Grund ihrer großen Oberfläche und der dadurch erhöhten van-der-Waals Anziehungskraft als Agglomerate vor. Diese Agglomerate müssen im Dispergierungsschritt aufgebrochen und somit die einzelnen Nanotubes voneinander getrennt werden. Durch die Tendenz der Reagglomeration ist jedoch darauf zu achten, dass die isolierten Nanotubes nicht wieder miteinander wechselwirken und erneut Agglomerate ausbilden.

Eine homogene Verteilung der Partikel im Dispergiermedium ist entscheidend. Eine gute Dispersion weist keine lokalen Konzentrationsmaxima auf (Abb. 5.1). Bei einer Dispergierung in flüssigem Medium ist dieser Aspekt meist erfüllt. Bei Polymer-Kompositen ist jedoch auch die homogene Verteilung der vereinzelten CNTs in der Polymermatrix der kritische Prozessschritt für die Qualität des Produktes.

In dieser Arbeit wurden zahlreiche Parameter, die die Dispergierung von CNTs beeinflussen können, systematisch und unabhängig voneinander untersucht. Dies stellt gegenüber dem Stand der Forschung eine Erweiterung dar, da in der Literatur bisher nur jeweils einzelne Parameter variiert wurden. Die nicht variierten Parameter unterscheiden sich jedoch von Veröffentlichung zu Veröffentlichung und verhindern so eine Vergleichbarkeit. Durch die umfangreichen hier durchgeführten Experimente ist es nun erstmals möglich, den Einfluss unterschiedlicher Parameter quantitativ zu vergleichen. Hierzu wurde stets darauf geachtet, dass bei einer Parametervariation sämtliche anderen Parameter konstant gehalten wurden. Die variierten Parameter zeigt Tabelle 5.1.

5.1.1 Einfluss unterschiedlicher Dispergierverfahren auf die Qualität von CNT-Dispersionen

Zur Dispergierung von Carbon Nanotubes können unterschiedliche Verfahren eingesetzt werden. Am weitesten verbreitet ist das Dispergieren und Deagglomerieren mittels Ultraschall. Hier stehen grundsätzlich zwei Varianten - der Einsatz eines Ultraschallbades und die Verwendung einer Ultraschallsonotrode - zur Verfügung. Durch den wesentlich höheren Energieeintrag wurde in dieser Arbeit nur mit Ultraschallsonotroden gearbeitet. Dies bestätigen auch frühere Arbeiten, die am Fraunhofer IGB durchgeführt wurden und zeigen, dass eine 30 minütige Behandlung mittels Ultraschall-Sonotrode etwa der Behandlung für 16 - 24 Stunden im Ultraschallbad entspricht. Neben Ultraschall standen für diese Arbeit auch noch weitere Apparate wie Ultra Turrax, Rührwerkskugelmühlen oder Hochdruckdispergatoren zur Verfügung. Obwohl sich in der Literatur keine Hinweise finden, dass diese Methoden zur Dispergierung von Carbon Nanotubes geeignet sind, wurden diese Methoden im Rahmen dieser Arbeit getestet und die hergestellen Dispersionen bezüglich ihrer Qualität bewertet. Die eingesetzten Dispergiermethoden sowie die verwendeten Parameter zeigt Tabelle 5.2.

Tabelle 5.2: *Parameter der unterschiedlichen Dispergierverfahren*

Dispergiermethode	Parametersatz
Ultraschall Dispergierung	Geräte-Leistung: 60 W, Frequenz: 20 kHz, Arbeitszyklus (duty cycle): 60%, Amplitude: 80%, Behandlungsdauer: variiert (siehe folgende Kapitel), typischerweise 30min. Sonotrode: Titan 6 mm, Eintauchtiefe: 35 mm
Ultra Turrax	Drehzahl: 23 000 rpm, Durchmesser Rotor: 22mm, Behandlungsdauer: 30 min, Durchmesser Stator: 26mm, Eintauchtiefe: 35 mm
Hochdruckdispergierung	Druck: 80 bar, Düsendurchmesser: 0,7 - 1 mm, Behandlungsdauer: 5 - 20 min
Rührwerkskugelmühle	Rotationsgeschwindigkeit: 480 rpm, Mahlkugeln: Aluminium, Durchmesser: 4 - 6 mm, Behandlungsdauer: 5 - 45 min

Zur Bewertung der Effektivität der verwendeten Dispergiermethoden wurden Dispersionen von Carbon Nanotubes in wässriger SDS-Lösung ($c_{(SDS)} = 0,01$ mol/L) mit einer CNT Konzentration von $c_{(CNT)} = 1$ g/l hergestellt. Nach einer kurzen Wartezeit

5.1 Dispergierung von Carbon Nanotubes

(ca. 5 min), in der sich große Agglomerate absetzen konnten, wurde die Extinktion des Überstandes durch UV-VIS Photometrie bei einer Wellenlänge von $\lambda = 500$ nm gemessen. Dieselbe Messung erfolgte an den Dispersionen nach einem Zentrifugationsschritt ($F = 4500$ rcf, $t = 15$ min), bei dem nicht aufgebrochene Agglomerate, Katalysatorreste sowie eventuell vorhandener amorpher Kohlenstoff absedimentiert wurde. Die Ergebnisse sind in Abbildung 5.2 dargestellt.

a) Ultraschall Dispergierung

Die hergestellte Dispersion zeigte eine sehr gute Dispergierung des Rohmaterials. Vor dem Zentrifugieren lag die Extinktion bei einem Wert von 405 a.u.. Dieser Wert wurde für die weiteren Untersuchungen als Referenz festgelegt und als 100 % definiert. Alle weiteren Messwerte werden in Prozent relativ zu diesem Wert angegeben. Nach Zentrifugation betrug die Extinktion immer noch 84 %. Dies spricht dafür, dass ein Großteil der CNTs vereinzelt und homogen verteilt vorliegen.

Neben der effektiven Wirkungsweise bietet die Methode des Ultraschalls noch den Vorteil des einfachen Up-Scaling. Sie kann problemlos von Labor- auf Industriemaßstab hochskaliert werden [S+00]. Neben Batch-Betrieb ist auch eine kontinuierliche Prozessführung möglich.

b) Ultra Turrax

In den durchgeführten Experimenten konnte bei der Dispergierung mittels Ultra Turrax mit bloßem Auge eine deutliche Graufärbung beobachtet werden.Dies wird durch die UV-VIS Messung und einem Extinktionswert von 63 % bestätigt. Es liegt also eine zunächst gute Verteilung des Rohmaterials vor. Nach Zentrifugation nimmt der Wert jedoch auf 7 % ab, die Dispersion ist nahezu transparent. Dies lässt darauf schließen, dass keine bzw. eine sehr geringe Vereinzelung der Nanotubes stattgefunden hat. Die auftretenden Scherkräfte des Ultra Turrax sind also zu gering, um CNT-Agglomerate aufzubrechen.

c) Rührwerkskugelmühle

In den durchgeführten Versuchen zeigte sich, dass die Scherkräfte nicht ausreichen, um Agglomerate aus Kohlenstoffnanoröhren zu zerkleinern. Dies verdeutlicht auch die

Kapitel 5 Ergebnisse und Diskussion

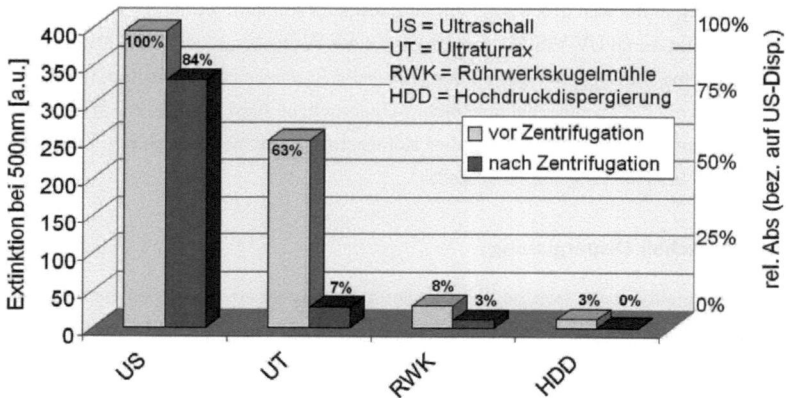

Abbildung 5.2: *Vergleich unterschiedlicher Dispergierverfahren. Nur Ultraschalldispersion deagglomeriert CNTs ausreichend gut, so dass auch nach Zentrifugation eine relativ hohe optische Extinktion beobachtet werden kann.*

gemessene Extinktion von 8 % vor bzw. 3 % nach der Zentrifugation.

d) Hochdruckdispergierung

Trotz des hohen Drucks, der im Versuch verwendet wurde (150 bar), konnte bei keinem der verwendeten Materialien (Baytubes, Future Carbon, Nanocyl) eine Vereinzelung der CNT Agglomerate erreicht werden. Bereits vor der Zentrifugation erreichte der Wert der Extinktion nur 3 %, nach Zentrifugation fiel er auf 0 % ab.

Zusammenfassend kann aus diesen Experimenten geschlossen werden, dass für das Aufbrechen von CNT-Agglomeraten sowie für die homogene Verteilung der isolierten Nanotubes extrem große Scherkräfte notwendig sind. Die Kräfte können in hinreichender Form nur mittels Ultraschalldispergierung erreicht werden. Durch andere Verfahren wie Ultra Turrax, Rührwerkskugelmühlen oder Hochdruckdispergierung, konnten keine stabilen Dispersionen von Carbon Nanotubes in wässriger SDS-Lösung hergestellt werden. Weitere Versuche, dies durch höhere Drücke (Hochdruckdispergierung) oder höhere Drehzahlen (Ultra Turrax, Rührwerkskugelmühle) zu erreichen, wurden nicht durchgeführt. Hierfür standen im Rahmen dieser Arbeit keine geeigneten Anlagen zur

Verfügung. Der zusätzliche Aufwand wurde im Hinblick auf die Erfolgsaussichten nicht getätigt, da die hier gezeigten Ergebnisse mit den Ergebnissen der Literatur übereinstimmen. So wird gängigerweise Ultraschall zur Dispergierung von CNTs verwendet. Über eine verbesserte Dispergierung mittels anderer Methoden wurde noch nicht berichtet. Daher wurde auch für diese Arbeit Ultraschall als Standart-Dispergiermethode ausgewählt und im Folgenden verwendet.

5.1.2 Abhängigkeit der Dispersion von Ultraschall und Zentrifugation

Da sich die Dispergierung mittels Ultraschall als am Effektivsten herausgestellt hat, wurde nun der Einfluss verschiedener Parameter auf das Dispergierverhalten von multiwalled Carbon Nanotubes sowohl in wässriger Tensidlösung als auch in Lösemitteln (NEP) untersucht. Die Dispersionen wurden während des Ultraschall- bzw. während des Zentrifugationsschrittes zeitabhängig charakterisiert. Hierzu wurden zu definierten Zeitpunkten Proben der Dispersion entnommen, zur Analyse entsprechend verdünnt und anschließend mittels UV-VIS Photometrie vermessen. Messgröße war die Extinktion bei einer Wellenlänge von 500 nm. Größere Werte zeigen eine höhere Konzentration an Kohlenstoffpartikeln an. Es wurden jeweils mehrere Proben entnommen und entsprechend der Mittelwert gebildet. Vor der Entnahme wurde jeweils 5 min gewartet, damit sich Agglomerate, die nur durch die Ultraschallbehandlung aufgewirbelt wurden, absetzen konnten.

Vergleich von Carbon Nanotubes unterschiedlicher Hersteller

Den typischen Verlauf der Extinktion einer CNT-Dispersion in wässriger Tensidlösung während der Ultraschallbehandlung zeigt Abbildung 5.3. Es ist zu beobachten, dass für die Materialien der Firmen Nanocyl, Future Carbon sowie Showa Denko die Extinktion zunächst nahezu linear ansteigt und anschließend in einer Sättigung endet, d.h. ab einer gewissen Ultraschalldauer einen konstanten Wert hat. Im Fall der Nanotubes der Firma Bayer Materials Science, der sogenannten Baytubes, ist ein eher logarithmischer Anstieg zu erkennen, d.h. ein konstanter Wert wird, wenn überhaupt, erst wesentlich später erreicht.

Für die ersten drei Materialien lässt sich die Kurve in zwei Phasen unterteilen. In

Kapitel 5 Ergebnisse und Diskussion

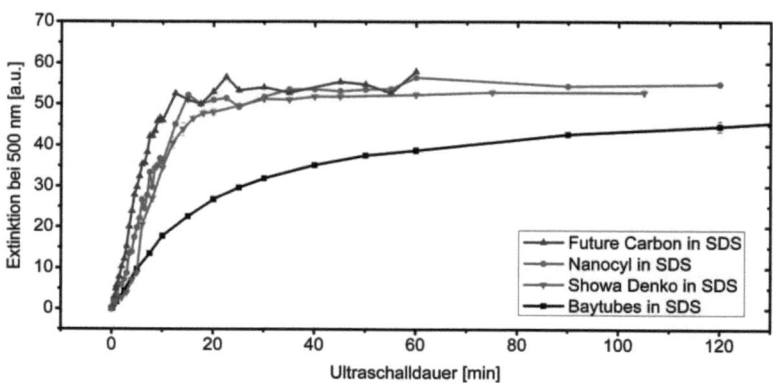

Abbildung 5.3: *Verlauf der Extinktion von CNT-Dispersionen aus Material unterschiedlicher Hersteller in Abhängigkeit der Ultraschallbehandlungsdauer.*

der ersten Phase werden die CNT-Agglomerate aufgebrochen und die Anzahl vereinzelter Nanotubes steigt linear mit der Zentrifugationsdauer an. Anschließend, in Phase II, wurden alle Agglomerate aufgebrochen, eine weitere Beschallung durch die Ultraschallsonotrode hat keinen Einfluss mehr. Für diese Materialien lässt sich also eine Art „optimale Ultraschallbehandlungsdauer" ermitteln, d.h. eine Dauer, die gerade notwendig ist, um alle Agglomerate aufzubrechen. Hierzu wurden die Messkurven jeweils zweimal linear gefittet, zum einen im Bereich des linearen Anstiegs, zum anderen im Bereich der Sättigung. Aus dem X-Wert des Schnittpunkts der beiden Geraden lässt sich die optimale Behandlungsdauer bestimmen.

Trotz des anderen Kurvenverlaufs wurde diese Fitprozedur auch auf das Material der Firma Bayer angewandt um zu sehen, in welcher Größenordnung hier die optimale Behandlungsdauer liegt. Es ist jedoch zu beachten, dass in diesem Fall eine längere Behandlung - anders als bei den anderen Materialien - sehr wohl zu einer verbesserten CNT-Dispersion führt. Die gefitteten Graphen sind in Abbildung 5.4 dargestellt und die optimalen Behandlungsdauern miteinander verglichen.

Durch diese Messungen lassen sich Rückschlüsse auf die Beschaffenheit des Ausgangsmaterials schließen. Materialien der Firmen Nanocyl sowie Future Carbon zeigen kürzere Zeiten, was durch einen geringeren Agglomerationsgrad zu erklären ist. Die Agglomerate sind weniger kompakt und bereits geringere Kräfte bzw. kürzere Zeiten

5.1 Dispergierung von Carbon Nanotubes

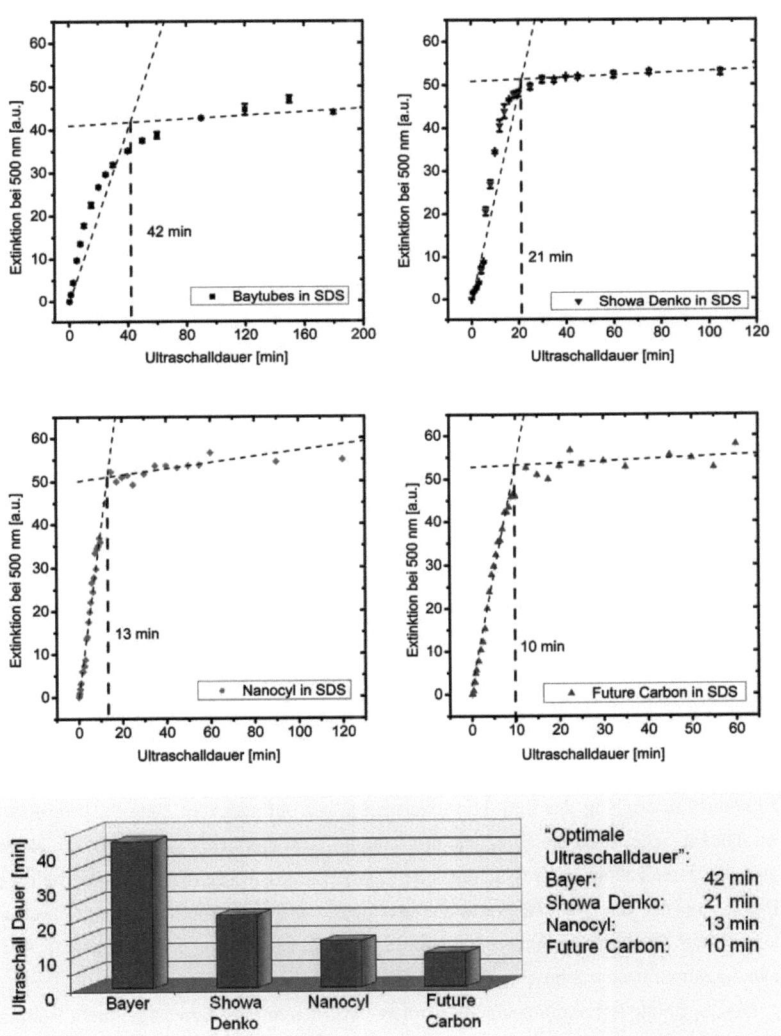

Abbildung 5.4: *Zweifach linearer Fit zur Ermittlung einer „optimalen Behandlungsdauer". Außer bei Material der Firma Bayer ist nach dieser Ultraschalldauer kein weiterer Anstieg der Extinktion zu beobachten. Unten: Vergleich der optimalen Behandlungsdauern unterschiedlicher Hersteller.*

Kapitel 5 Ergebnisse und Diskussion

reichen aus, um eine vollständige Deagglomeration zu bewirken. Bei Showa Denko muss mehr Energie aufgewendet werden, auch hier ist jedoch eine Sättigung der Extinktion, also eine vollständige Vereinzelung der Nanotubes erkennbar. Agglomerate der Firma Bayer benötigen wesentlich mehr Energie und zeigen auf der untersuchten Zeitskala keine Sättigung. Baytube-Agglomerate sind also sehr fest und zeigen hohe Wechselwirkungskräfte zwischen den einzelnen Nanotubes.

Als Fazit lässt sich zusammenfassen, dass durch die zeitabhängige Messung des Ultraschalleintrags das Dispergierverhalten von unterschiedlichen CNT-Materialien charakterisiert werden konnte. Die meisten Materialien zeigen einen linearen Anstieg der Extinktion sowie einen konstanten Wert nach einer optimalen Behandlungsdauer. Nur bei Material der Firma Bayer war ein eher logarithmischer Anstieg der CNT-Konzentration in der Dispersion zu beobachten.

Einfluss der Einwaagemenge an CNTs auf die CNT-Konzentration

Um zu untersuchen, wie sich die CNT-Einwaagemenge auf die Konzentration der Dispersion auswirkt, wurden am Beispiel von Material der Firma Nanocyl entsprechende Messkurven aufgenommen. Die Abhängigkeit der Extinktion von der Ultraschalldauer für drei verschiedene CNT-Einwaagen ist in Abbildung 5.5 dargestellt. Jedem Messpunkt liegen hierbei mindestens fünf Einzelmessungen zugrunde, die Fehlerbalken geben die Standardabweichung an.

Die Experimente zeigen einen Verlauf, wie er zu erwarten ist. Eine größere Menge CNTs führt zu einer erhöhten Extinktion im Bereich der Sättigung. Hier ist ein direkt proportionaler Zusammenhang erkennbar, eine Verdopplung der CNT-Einwaage führt zu einer Verdopplung des Extinktionswertes im hier untersuchten Bereich. Interessant ist die Tatsache, dass die Steigung des linearen Anstiegs in Phase I konstant bleibt, also die Vereinzelung zu unterschiedlichen Zeiten abgeschlossen ist, d.h. innerhalb der Phase, bei der die CNT-Agglomerate vereinzelt werden, spielt die Gesamteinwaage keine Rolle. Dies ist ein weiteres Indiz dafür, dass im Bereich der Sättigung tatsächlich alle Agglomerate aufgebrochen und die CNTs vereinzelt vorliegen.

Die „optimale Behandlungsdauer" variiert natürlich mit der Einwaage, mehr Rohmaterial benötigt mehr Energie, was bei gleicher Amplitude in einer längeren Einwirkzeit resultiert. So ist bei 75 mg CNTs bereits nach etwa zehn Minuten eine Sättigung zu erkennen, bei 300 mg stellt sich der konstante Wert erst nach etwa 27 Minuten ein.

5.1 Dispergierung von Carbon Nanotubes

Eine Steigerung der CNT-Konzentration durch Erhöhung der Einwaagemenge ist jedoch nicht beliebig durchführbar. Abbildung 5.6 zeigt die Extinktion in Abhängigkeit der CNT-Einwaage bei Dispergierung in SDS-Lösung. Die Ultraschallbehandlung betrug jeweils 90 Minuten, im Fall der grauen Kurve wurde jeweils drei Minuten bei 21.000 rcf zentrifugiert. Es ist zu erkennen, dass die Extinktion bei niedrigen CNT-Einwaagen zunächst linear ansteigt und nach Erreichen eines Maximums bei ca. 2,8 g/L auf nahezu Null abfällt.

Ein ähnlicher Kurvenverlauf ergibt sich für eine identische Versuchsreihe, bei der Carbon Nanotubes in NEP dispergiert wurden. Hier liegt das Maximum bei etwas höheren Konzentrationen von ca. 3,5 g/L. Den Kurvenverlauf zeigt Abbildung 5.7.

Die nicht beliebig steigerbare CNT-Konzentration ist durch die starke Tendenz der CNTs zur Agglomeratbildung zu erklären. Je höher die CNT-Konzentration, desto kürzer ist der mittlere Abstand zwischen zwei CNTs, und desto höher ist damit die Wahrscheinlichkeit, dass zwei CNTs miteinander wechselwirken und agglomerieren.

Im Fall einer SDS-Lösung wird eine Stabilisierung der CNTs durch eine „Tensid-Hülle" erreicht, d.h. Tensidmoleküle lagern sich um die einzelnen CNTs und vergrößern somit die effektive Größe der Nanotubes. Auf Grund dieser etwas größeren Teilchen aus CNT und Tensidhülle, wird der kritische Abstand zwischen zwei Teilchen bereits bei niedrigeren CNT-Konzentrationen unterschritten als in einer NEP-Dispersion, bei der die CNTs direkt durch das Lösemittel stabilisiert werden.

Bei Variation der CNT-Einwaage erhält man bei niedrigen Konzentrationen erwartungsgemäß einen direkt proportionalen Zusammenhang zur Konzentration der CNT-Dispersionen. Die Geschwindigkeit der Deagglomeration ist jedoch unabhängig von der CNT-Menge. Bei zu hohen Einwaagemengen ist eine Dispergierung von CNTs jedoch auf Grund der zu starken Agglomerationsrate nicht möglich.

Einfluss der Tensidkonzentration auf CNT-Dispersionen

Ein weiterer wichtiger Parameter ist der Einfluss der Tensidkonzentration auf CNT-Dispersionen. Als Standard wurde eine wässrige Lösung von Natriumlaurylsulfat mit einer Konzentration von $c = 0,01$ mol/L verwendet. Diese Konzentration wurde variiert, d.h. es wurden Tensidkonzentrationen von 0,005 mol/L sowie 0,02 mol/L verwendet. Zu beachten ist die kritische Mizellbildungskonzentration (CMC engl. *critical micelle concentration*), die im Fall von SDS 0,008 mol/L beträgt. Oberhalb dieser Konzentrati-

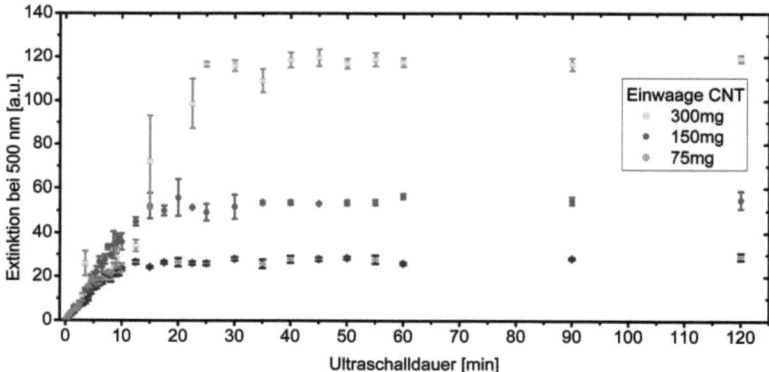

Abbildung 5.5: *Verlauf der Extinktion für unterschiedliche CNT-Einwaagemengen am Beispiel von Nanotubes der Firma Nanocyl. Die Einwaage bezieht sich auf 150 mL wässrige Tensidlösung.*

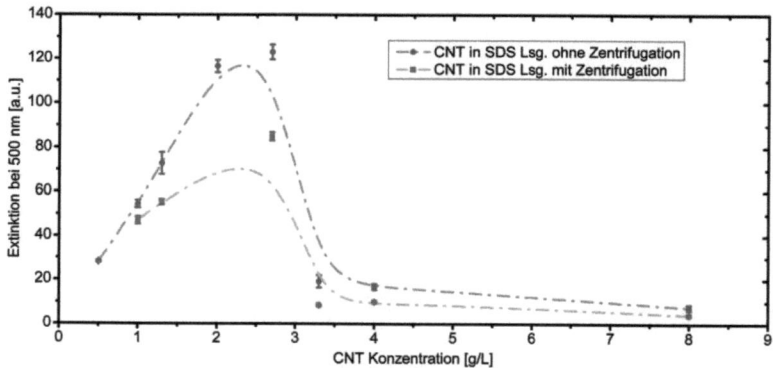

Abbildung 5.6: *Abhängigkeit der Extinktion von der CNT-Einwaagemenge bei der Dispergierung in wässriger Tensidlösung. Durch verstärkte Agglomeration bei hohen CNT-Konzentrationen ist ein Abfallen der Extinktion zu erklären.*

5.1 Dispergierung von Carbon Nanotubes

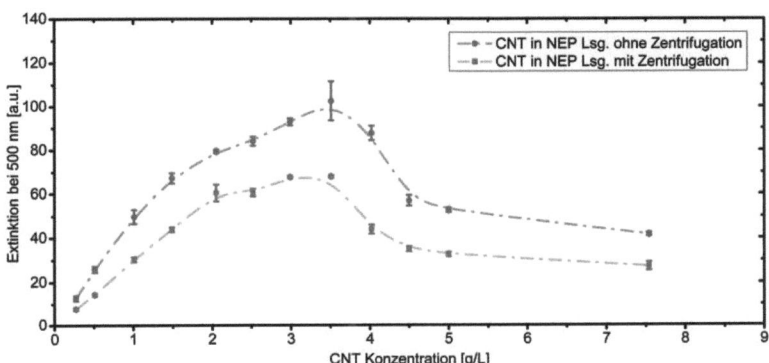

Abbildung 5.7: *Abhängigkeit der Extinktion von der CNT-Einwaagemenge bei der Dispergierung in NEP. Im Vergleich zur Dispergierung in SDS-Lösung ist das Maximum auf Grund der fehlenden Tensidhülle zu höheren CNT-Konzentrationen verschoben.*

on, liegen die Tensidmoleküle in Form von sogenannten Mizellen vor. Darunter befinden sich die Moleküle frei und einzeln in der Flüssigkeit. Eine Erhöhung der Tensidkonzentration unterhalb der CMC führt zu einer Erniedrigung der Oberflächenspannung, oberhalb der CMC ändert sich die Oberflächenspannung mit steigender Tensidkonzentration nicht mehr. Die Messergebnisse der Variation der Tensidkonzentration sind in Abbildung 5.8 dargestellt.

In der Grafik ist zu erkennen, dass eine Erhöhung der Tensidkonzentration im Vergleich zur Standardkonzentration keinen Einfluss auf den Kurvenverlauf hat (siehe Nanocyl). Dieses Ergebnis bestätigt die Erwartungen. Daher wurden diese Messungen nicht für die anderen Materialien durchgeführt.

Interessanter sind die Kurvenverläufe bei einer Erniedrigung der SDS-Konzentration auf 0,005 mol/L. In diesem Fall, also unterhalb der CMC, ist im Fall der CNTs der Firma Bayer kein Effekt im Vergleich zur Standardkonzentration ($c = 0,01$ mol/L) zu erkennen. MWCNTs der Firma Nanocyl zeigen jedoch bei einer Tensidkonzentration unterhalb der CMC einen deutlich veränderten Kurvenverlauf. Bis zu einer kritischen Ultraschallbehandlungsdauer (ca. 40 min) bleibt der Wert der Extinktion sehr gering. Anschließend steigt der Wert steil an und läuft nach einiger Zeit in eine Sättigung.

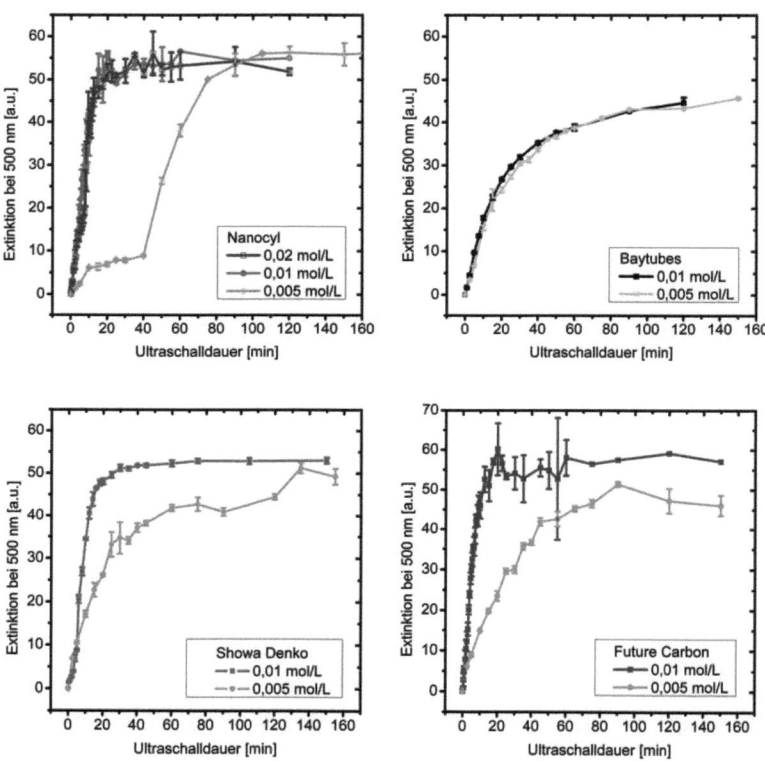

Abbildung 5.8: *Abhängigkeit der Dispergierung von der Tensidkonzentration. Liegt die Konzentration an SDS unterhalb der CMC, so ergibt sich in den meisten Fällen ein deutlich veränderter Kurvenverlauf. Lediglich Baytubes zeigen keine Abhängigkeit von der Tensidkonzentration.*

5.1 Dispergierung von Carbon Nanotubes

Der Endwert stimmt mit dem Wert der Standart-SDS-Konzentration überein.

Es lässt sich also schließen, dass am Ende, auch bei niedrigen Tensidkonzentrationen, alle CNTs vereinzelt vorliegen, d.h. alle Agglomerate aufgebrochen wurden. Die Vorgänge des Deagglomerierens hängen jedoch von der SDS-Konzentration ab, so dass sich ein anderer Kurvenverlauf ergibt.

Die unterschiedlichen Kurvenverläufe für Baytube-Material im Gegensatz zu CNTs anderer Hersteller lassen sich mit der unterschiedlichen Struktur der CNT-Agglomerate erklären. Im Fall von Baytubes liegen die Nanotubes in relativ großen, sehr kompakten Agglomeraten vor. Dies ist auch mit der höheren Schüttdichte des Baytube Materials in Einklang zu bringen. Die Wechselwirkungskräfte zwischen den einzelnen CNTs sind ebenfalls größer als bei anderen MWCNT Materialien, so dass mehr Energie aufgewendet werden muss, um einzelne CNTs aus den Agglomeraten zu lösen bzw. die Agglomerate komplett in einzelne Nanotubes zu zerkleinern. Bei gleicher Leistung resultiert diese größere Energie in einer längeren Behandlungszeit. Somit ist im Fall Baytubes die Deagglomeration durch Ultraschall der geschwindigkeitsbestimmende Schritt. Ein Einfluss der SDS-Konzentration ist daher nicht zu beobachten. Man kann also von einer **deagglomerationslimitierten CNT-Dispergierung** sprechen.

Geschwindigkeitsbestimmender Schritt ist im Fall von Future Carbon, Showa Denko sowie Nanocyl Material bei niedrigen SDS-Konzentrationen die Stabilisierung einzelner CNTs durch Tensidmoleküle. Die eher losen Agglomerate dieser Materialien lassen sich bereits mit geringerem Energieeintrag, d.h. in kürzerer Zeit vereinzeln. Um ein Reagglomerieren dieser einzelnen CNTs jedoch zu verhindern, ist eine Stabilisierung mittels Tensidmolekülen notwendig. Bei geringeren SDS-Konzentrationen ist die mittlere Weglänge, die die Tensidmoleküle zurücklegen müssen, um sich um die Nanotube anzulagern, länger. Dadurch benötigt die Stabilisierung mehr Zeit, was in einem langsameren Anstieg der Kurven zu beobachten ist. Im Fall dieser Materialien kann also von einer **diffusionslimitierten Stabilisierung der CNT-Dispersion** gesprochen werden.

Der Ursprung des speziellen Kurvenverlaufs im Fall von Nanocyl, bei dem zunächst ein geringer Anstieg der Extinktion und bei einer Ultraschalldauer von ca. 40 min ein sprunghafter Anstieg zu beobachten ist, ist nicht eindeutig zu klären. Ein Messfehler kann jedoch durch mehrmalige Wiederholung des Experiments und identisch reproduzierbaren Messkurven ausgeschlossen werden.

Kapitel 5 Ergebnisse und Diskussion

Vergleich von CNT-Dispersionen in wässriger Tensidlösung und organischen Lösemitteln

Die bisher gezeigten Experimente zur Untersuchung der Ultraschalldispergierung von Carbon Nanotubes erfolgten in wässriger Tensidlösung. Gerade für die Herstellung von CNT-Polymer-Kompositen spielt aber auch die Dispergierung in Lösemitteln eine entscheidende Rolle. Es soll untersucht werden, ob sich die Vorgänge beim Dispergieren in Tensidlösung und Lösemittel grundsätzlich unterscheiden. Es wurden SDS-Lösungen mit der Standardkonzentration von 0,01 mol/L mit N-Ethylpyrrolidon (NEP) als Lösemittel verglichen. Die Kurven sind in Abbildung 5.9 dargestellt.

Ähnlich wie bei den Experimenten zur SDS-Konzentration ändert sich im Falle von Baytubes der Kurvenverlauf, bei der Verwendung von NEP an Stelle der Tensidlösung nicht (Abbildung 5.9 oben rechts). Nanotubes der Firmen Nanocyl und Showa Denko lassen sich jedoch in SDS-Lösung schneller dispergieren als in NEP bei sonst gleichen Parametern. Das bedeutet, der Kuvenverlauf steigt zunächst schneller an als in NEP und erreicht den Stättigungswert bereits nach kürzerer Ultraschalldauer. Im Bereich der Sättigung stellt sich jedoch auch hier wieder ein konstanter Wert ein, der unabhängig von dem verwendeten Medium ist. Sowohl in SDS-Lösung als auch in NEP werden also offensichtlich alle CNT-Agglomerate aufgebrochen und die Nanotubes vereinzelt.

Der flachere Anstieg der Kurven bei Nanocyl, Showa Denko sowie Future Carbon bei der Dispergierung in NEP, lässt auf eine langsamere Stabilisierung der CNT-Dispersion durch NEP-Moleküle schließen. Auf Grund der molekularen Struktur ist im Fall von SDS als typisches Tensidmolekül nur eine Anlagerung des hydrophoben Teils an der Nanotube und damit des hydrophilen Teils Richtung Wassermolekülen möglich. Das energetische Minimum dieser Konfiguartion scheint also eindeutiger und damit schneller erreichbar zu sein als im Fall von NEP. Hier können sich die Moleküle des Lösemittels in unterschiedlicher Weise um die Nanotubes anlagern. Die delokalisierten π-Elektronen im Ringsystem des NEP sind auf beiden Seiten des Moleküls vorhanden, somit ist eine π-π-Wechselwirkung mit den Nanotubes ebenfalls bei einer um 180° gedrehten Anlagerung denkbar. Diese unterschiedlichen Konfigurationsmöglichkeiten ergeben mehrere mögliche Stabilisierungszustände, dadurch ist ein Erreichen des energetischen Minimums erst später erreicht. Die Dispergierungen sind also durch die **Anlagerungsgeschwindigkeit der SDS bzw. NEP Moleküle limitiert.**

Im Fall von Baytubes ist eine Erklärung der Beobachtung analog dem vorherigen Ab-

5.1 Dispergierung von Carbon Nanotubes

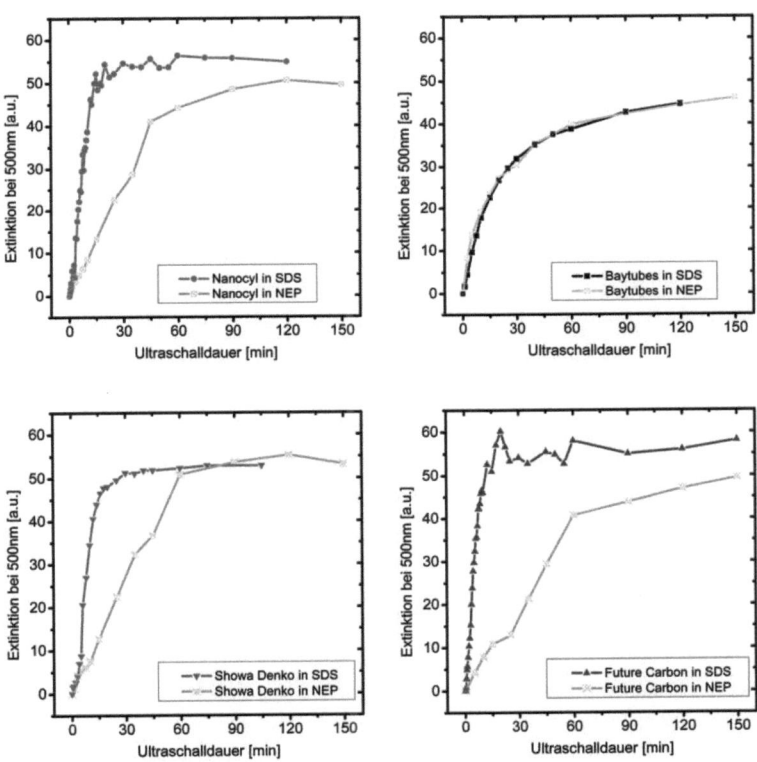

Abbildung 5.9: *Unterschied des Dispergierverhaltens von MWCNTs unterschiedlicher Hersteller in wässriger Tensidlösung im Vergleich zu N-Ethylpyrrolidon (NEP).*

Kapitel 5 Ergebnisse und Diskussion

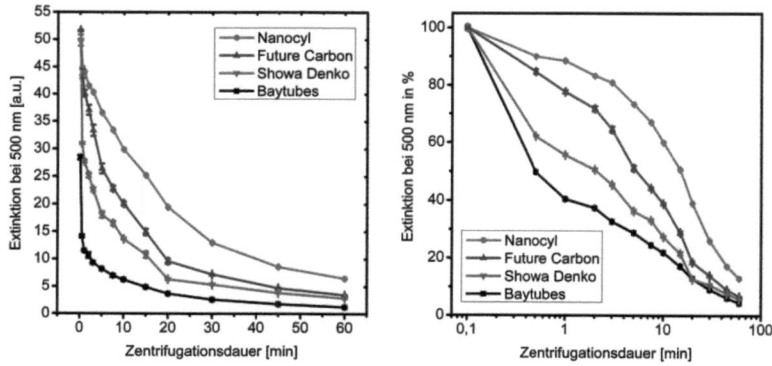

Abbildung 5.10: *Zentrifugationswirkung auf Dispersionen aus unterschiedlichem CNT Material. Die Zentrifugationskraft lag bei 21.000 rcf. Links: Lineare Darstellung. Rechts: Darstellung auf logarithmischer Skala.*

schnitts möglich. Auf Grund der stärkeren Agglomartion der CNTs handelt es sich um eine **deagglomerationslimitierte CNT-Dispergierung**, bei der die Anlagerungsgeschwindigkeit der stabilisierenden Moleküle keinen erkennbaren Einfluss hat. Die Kurvenverläufe in SDS-Lösung sowie in NEP sind also identisch.

Einfluss der Zentrifugationswirkung auf CNT-Dispersionen

Bisher wurde das Verhalten der Dispersionen während der Ultraschallbehandlung untersucht. In diesem Abschnitt soll es darum gehen herauszufinden, wie sich die hergestellten CNT-Dispersionen beim Prozessschritt der Zentrifugation verhalten. Hierzu wurden Standarddispersionen in SDS-Lösung hergestellt. Die Ultraschalldauer betrug jeweils 30 min, d.h. die Materialien Nanocyl, Future Carbon sowie Showa Denko waren jeweils vollständig deagglomeriert. Zentrifugiert wurde mit einer Ultrazentrifuge (Hermle Z 216 MK) mit einer Rotationskraft von 21.000 rcf. Diese Kraft ist notwendig, um bei hinreichend langer Zentrifugationszeit auch vereinzelte Nanotubes abzentrifugieren zu können. Dadurch konnte das Zentrifugationsverhalten untersucht werden, bis nahezu alle Nanotubes aus der Dispersion entfernt wurden. Die Ergebnisse zeigt Abbildung 5.10.

5.1 Dispergierung von Carbon Nanotubes

Im linken Diagramm sind die Zentrifugationskurven der unterschiedlichen Materialien dargestellt. Die Kurve des Materials der Firma Bayer startet deutlich niedriger, da hier nach 30 minütiger Ultraschallbehandlung noch keine hundertprozentige Deagglomeration stattgefunden hat. Um das Zentrifugierverhalten vergleichen zu können, wurden die Kurven auf die unzentrifugierten Dispersionen normiert und eine logarithmische Zeitskala gewählt (Diagramm rechts). Hier ist deutlich zu erkennen, dass die Dispersion aus Material der Firma Nanocyl wesentlich langsamer an Extinktionsintensität verliert. Wählt man als Maß die Zentrifugationsdauer, bei der die Extinktion auf die Hälfte des ursprünglichen Wertes abgefallen ist, d.h. bei dem genau die Hälfte des CNT-Materials absedimentiert wurde, so erhält man folgende Werte:

Tabelle 5.3: *Halbwertszeiten der Zentrifugation*

Hersteller	Halbwertszeit Zentrifugation
Nanocyl	15,5 min
Future Carbon	5,3 min
Showa Denko	2,1 min
Bayer Materials Science	0,5 min

Die großen Unterschiede sind auf die Agglomerationsgröße zurückzuführen. Im Fall von Baytubes liegen noch viele nicht aufgebrochene CNT-Agglomerate vor, die rasch abzentrifugiert werden. Im Gegensatz dazu liegen bei Nanocyl die CNTs zum Großteil als einzelne Nanotubes vor, die erst nach und nach absedimentieren. Im Fall von Future Carbon und Showa Denko liegen in der Dispersion entweder größere und schwerere Nanotubes oder kleine CNT-Agglomerate vor, die ebenfalls nach und nach abzentrifugiert werden. Diese Agglomerate sind jedoch so stabil, dass auch eine längere Ultraschallbehandlung nicht ausreicht, um ein Aufbrechen zu bewirken. Nur so ist die Sättigung der Ultraschallkurve (siehe Abbildung 5.3) zu erklären.

Temperaturabhängigkeit

Als letzter Parameter wurde der Einfluss der Temperatur auf die Ultraschalldispergierung untersucht. Hierzu wurden MWCNTs der Firma Nanocyl in NEP dispergiert. Das NEP wurde während der Ultraschallbehandlung auf Temperaturen zwischen -50 und +70 °C temperiert. Die Ergebnisse zeigt Abbildung 5.11.

Sowohl vor als auch nach der Zentrifugation ist jedoch keine Abhängigkeit von der

Kapitel 5 Ergebnisse und Diskussion

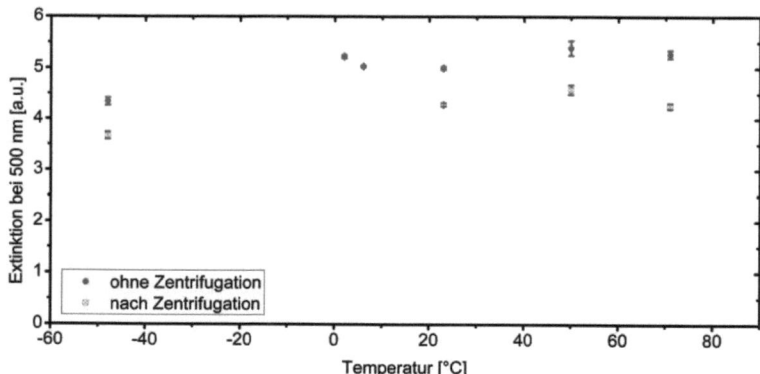

Abbildung 5.11: *Temperierung des Lösemittels während der Ultraschallbehandlung. Die Temperatur hat keinen direkten Einfluss auf das Dispergierverhalten von Carbon Nanotubes.*

Temperatur erkennbar. Das leichte Ansteigen der Werte bei höheren Temperaturen lässt sich mit der Erniedrigung der Viskosität des Lösemittels erklären (siehe hierzu Kapitel 5.1.5). Die Temperatur spielt also bei der Dispergierung mittels Ultraschall eine vernachlässigbare Rolle. Trotzdem wurde bei sämtlichen anderen Versuchen eine Temperaturerhöhung der Dispersion durch den Ultraschalleintrag unterbunden, indem während der Ultraschallbehandlung mittels Eisbad auf 0 °C gekühlt wurde.

5.1.3 Dispergierung in verschiedenen Lösemitteln und ionischen Flüssigkeiten

Aus der Litratur ist bekannt, dass CNTs nur in wenigen Lösemitteln dispergiert werden können und es in gängigen Lösemittel nicht möglich ist, stabile CNT-Dispersionen herzustellen. Daher wurde in dieser Arbeit erstmals systematisch der Einfluss der chemischen Struktur des Lösemittels untersucht. Hierzu dienten Untersuchungen an etwa 20 unterschiedlichen Lösemitteln sowie an Tensid- und Polymerlösungen und ionischen Flüssigkeiten.

Dispergierung in organischen Lösemitteln

Um herauszufinden, inwieweit die chemische Struktur des Lösemittels einen Einfluss auf die Dispergierfähigkeit hat, wurde eine Versuchsreihe mit 20 verschiedenen Lösemitteln mit teils ähnlicher, teils unterschiedlicher chemischer Struktur durchgeführt. Es wurden jeweils 2,0 mg MWCNTs der Firma Nanocyl in 20 mL Lösemittel durch zehnminütige Ultraschallbehandlung dispergiert. Einige chemische und physikalische Eigenschaften sowie die gemessenen Extinktionswerte vor und nach Zentrifugation finden sich in einer Tabelle im Anhang. Eine Übersicht über die optische Extinktion vor und nach Zentrifugation der einzelnen Dispersionen zeigt Abbildung 5.12, die gemessenen Extinktionswerte der untersuchten Lösemittel sowie chemische und physikalische Eigenschaften sind in Tabelle 5.4 dargestellt.

Die Lösemittel sind aufsteigend nach dem Wert der optischen Extinktion vor der Zentrifugation sortiert, dargestellt durch die transparenten Balken. Diese sind ein Maß dafür, wie homogen die Kohlenstoffpartikel im Lösemittel verteilt wurden. Sie lassen jedoch nicht unbedingt Rückschlüsse darauf ziehen, wie gut die CNT-Agglomerate aufgebrochen und vereinzelt wurden. Hierzu müssen die Werte nach Zentrifugation verglichen werden, die die Langzeitstabilität und die eigentliche Qualität der Dispersion charakterisieren. Zur Zentrifugation wurde eine Ultrazentrifuge mit $f = 21\,000\,\text{rcf}$ eingesetzt.

Vergleicht man die Werte vor und nach der Zentrifugation, zeigt sich bei einigen Lösemitteln ein dramatischer Abfall. Dies ist z.B. bei den Lösemitteln Anilin oder Iso-Propanol zu beobachten. In diesen Lösemitteln werden CNT-Agglomerate offensichtlich in gewissem Maß zerkleinert und gleichmäßig verteilt und tragen so zu einer hohen Absorption bei. Die Agglomerate sind jedoch noch zu groß oder nicht hinreichend stabilisiert, was zu einer erneuten Reagglomeration führen könnte. Dadurch steigt das Verhältnis von Masse zu Volumen an, was zu einer raschen Absedimentation während des Zentrifugierens und einer nahezu transparenten Dispersion führt.

Versucht man, einen Zusammenhang zwischen den Lösemitteln, die auch nach der Zentrifugation eine hohe Extinktion zeigen und ihrer chemischen Struktur zu finden, so stellt man fest, dass neben NEP und NMP auch Pyrrolidon und Pyridin gute CNT-Dispersionen ergeben. Gemeinsam ist diesen Lösemitteln ein Ring aus vier Kohlenstoff- und einem Stickstoffatom (NEP, NMP, Pyrrolidon) bzw. ein Benzolring, bei dem ein Kohlenstoff- durch ein Stickstoffatom ersetzt ist (Pyridin).

Kapitel 5 Ergebnisse und Diskussion

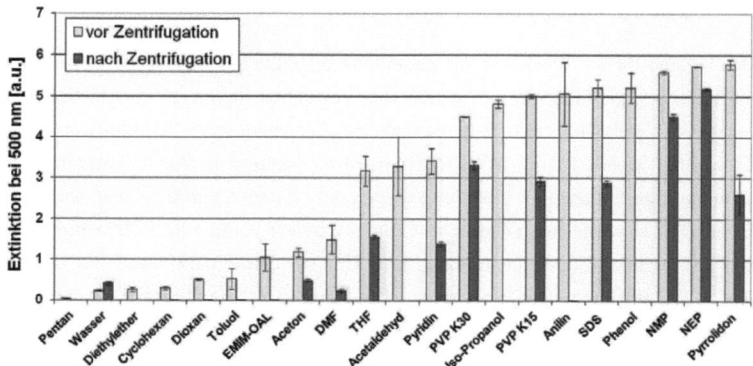

Abbildung 5.12: *Vergleich von CNT-Dispersionen in unterschiedlichen Lösemitteln. Als Vergleich ebenfalls dargestellt ist die Extinktion in wässriger Tensidlösung. PVP K15 sowie PVP K30 bezeichnen wässrige Lösungen von Polyvinylpyrrolidon.*

Um diesen Effekt noch weiter zu untersuchen, wurde ein Polymer mit derselben chemischen Gruppe quasi als „Tensid-Ersatz" getestet. Zwei Varianten von Polyvinylpyrrolidon (PVP), die sich in der Kettenlänge unterscheiden (K15 bzw K30), wurden verwendet und wässrige PVP-Lösungen mit einer Konzentration von $c = 50\,g/L$ hergestellt. Diese Konzentration wurde gewählt, da die Viskosiät der Lösung etwa der Viskosität der Standard-SDS-Lösung entspricht. Wie in Abbildung 5.12 zu erkennen ist, zeigen auch die Dispersionen mit PVP als „Dispergiermittel" nach der Zentrifugation eine hohe Extinktion, die in der Größenordnung der überlicherweise verwendeten Tensid-Lösung liegt.

Damit konnte in dieser Arbeit gezeigt werden, dass geeignete Lösemittel einen Ring aus Kohlenstoffatomen mit einem Stickstoffatom aufweisen müssen, da nur so eine Wechselwirkung des Rings mit dem π-Elektronensystem der Carbon Nanotubes ermöglicht wird.

5.1 Dispergierung von Carbon Nanotubes

Tabelle 5.4: *Chemische und physikalische Eigenschaften unterschiedlicher Lösemittel sowie Extinktionswerte von CNT Dispersionen bei 500nm*

Name	Dampf-druck 20°C [hPa]	Polarität	Elutions-kraft	Visko-sität 20°C [mPa*s]	Extinktion vor Zentrifugation [a.u.]	Standardabweichung	Extinktion nach Zentrifugation [a.u.]	Standardabweichung
Pentan	562	unpolar	0	0,232	0,036	0,002	0,000	0,000
Wasser	23	sehr polar	1	1	0,238	0,013	0,411	0,044
Diethylether	586	leicht polar	0,29	0,23	0,260	0,046	0,000	0,000
Cyclohexan	104	unpolar	0,03	0,98	0,299	0,040	0,003	0,002
Dioxan	38	leicht polar	0,3-0,4	1,32	0,511	0,021	0,004	0,001
Toluol	29	unpolar	0,22	0,6	0,520	0,252	0,005	0,002
EMIM-OAL in Wasser (50 g/L)	20	sehr polar	1,2	1	1,047	0,333	0,007	0,002
Aceton	246	polar	0,43	0,33	1,176	0,113	0,471	0,041
DMF	377	sehr polar	1,1	0,82	1,493	0,343	0,237	0,040
THF	173	polar	0,3	0,47	3,167	0,361	1,557	0,049
Acetaldehyd	1007	polar	0,5	0,215	3,287	0,712	0,000	0,000
Pyridin	21	polar	0,55	0,879	3,407	0,315	1,383	0,055
PVP K30 in Wasser (50 g/L)	20	sehr polar	1	>1	4,497	0,012	3,310	0,096
PVP K30 in NEP (50 g/L)	20	polar	0,8	>2	4,677	0,021	4,087	0,107
Iso-Propanol	43	polar	0,6	2,27	4,820	0,095	0,000	0,000
PVP K15 in Wasser (50 g/L)	20	sehr polar	1	>1	5,017	0,040	2,917	0,111

Kapitel 5 Ergebnisse und Diskussion

Anilin	0	leicht polar	0,5	4,4	5,063	0,778	0,013	0,002
SDS in Wasser (0,01 mol/L)	20	sehr polar	1	> 1	5,223	0,203	2,883	0,060
Phenol	0	polar	0,5	Feststoff	5,227	0,370	0,000	0,000
NMP	0	polar	0,8	1,65	5,597	0,032	4,503	0,081
NEP	0	polar	0,8	2,1	5,737	0,006	5,187	0,025
Pyrrolidon	0	polar	0,8	> 2	5,783	0,112	2,607	0,488

Dispergierung in ionischen Flüssigkeiten

Zusätzlich zu den genannten Lösemitteln wurde die Dispergierfähigkeit von Carbon Nanotubes in ionischen Flüssigkeiten untersucht. Einerseits, um zu überprüfen, ob das im vorherigen Abschnitt erzielte Ergebnis der Wechselwirkung über den stickstoffhaltigen Kohlenstoff-Ring auch auf ionische Flüssigkeiten zutrifft und andererseits die Möglichkeiten dieser sehr interessanten, neuartigen Lösemittel zu überprüfen und zu bewerten. Bei ionischen Flüssigkeiten handelt es sich um Salze, die bereits bei einer Temperatur unterhalb 100 °C in flüssigem Aggregatzustand vorliegen. Die Struktur der untersuchten Kationen zeigt Abbildung 5.13. Alle verwendeten ionischen Flüssigkeiten besaßen das gleiche Anion. Die Ergebnisse der Dispergierung sind in der Abbildung ebenfalls dargestellt.

Die Vermutung, dass Moleküle, die in ihrer Struktur Kohlenstoffringe aufweisen, bei denen ein oder mehrere Stickstoffatome eingebaut sind, gute CNT-Dispersionen ergeben, konnte im Falle der ionischen Flüssigkeiten nicht bestätigt werden. Kation d) zeigt beispielsweise einen Ring aus drei Kohlenstoff- und zwei Stickstoffatomen. Zusätzlich liegt in diesem Ring eine delokalisierte positive Ladung vor, die die Vermutung zulässt, das Molekül könnte die chemische Struktur eines geeigneten Lösemittels (NMP) und den ionischen Charakter eines Tensids (SDS) kombinieren und so überdurchschnittlich gute, das heißt homogene CNT-Dispersionen ergeben. Wie jedoch bereits mit bloßem Auge zu erkennen ist, findet bei der Ultraschallbehandlung keine ausreichende Deagglomeration der CNT-Agglomerate statt.

Des weiteren wurde die aus der Literatur bekannte These, längere Kohlenwasser-

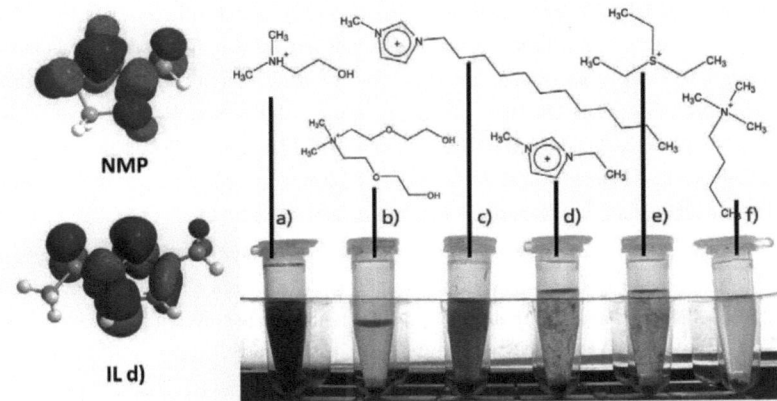

Abbildung 5.13: *Struktur unterschiedlicher Kationen in ionischen Flüssigkeiten. Vergleich der Orbitale des Kations d) mit dem Lösemittel NMP, die trotz ähnlicher chemischer Struktur sehr unterschiedliches Dispergierverhalten zeigen.*

stoffketten am Molekül würden die Dispergierfähigkeit behindern, durch die Auswahl von ionischen Flüssigkeiten mit unterschiedlicher Kettenlänge überprüft. Dabei konnte gezeigt werden, dass diese These für die ausgewählten ionischen Flüssigkeiten nicht bestätigt werden konnte. Kation c) weist dieselbe chemische Struktur auf wie Kation d), einziger Unterschied ist die Substitution einer Ethylgruppe durch eine Dodecylgruppe. Trotz längerer Kette ist eine erhöhte Dispergierfähigkeit erkennbar.

5.1.4 Einfluss der Oberflächenspannung auf die Dispergierfähigkeit von CNTs

„Eine möglichst ähnliche totale Oberflächenenergie von Lösemittel und zu lösendem Stoff führt zu einer verbesserten Dispersion." Diese These wurde von der Gruppe um J. Colemann aufgestellt [BNS+08] und bereits in Kapitel 3.1 erläutert.

In dieser Arbeit wurde nun erstmals untersucht, ob man diesen Effekt auch beobachten kann, wenn man nicht die Oberflächenenergie des Lösemittels durch Lösemittelvariation variiert, sondern im gleichen Lösemittel Carbon Nanotubes mit unterschied-

Kapitel 5 Ergebnisse und Diskussion

licher Oberflächenenergie dispergiert. Hierzu wurden unbehandelte CNTs mit CNTs verglichen, die mittels Plasmabehandlung modifiziert wurden. Die Plasmamodifikation erfolgte an Bucky Papern aus Baytubes MWCNT nach dem in Kapitel 4.1.3 beschriebenen Verfahren. Die Oberflächenenergien wurden durch Bestimmung der Kontaktwinkel unterschiedlicher Flüssigkeiten auf den CNT-Flachsubstraten bestimmt. Für die unbehandelten Proben wurde ein Wert von 85,2 mJ/m^2 gemessen, der sich nach der Plasmabehandlung der Nanotubes auf 65,7 mJ/m^2 erniedrigte.

Als Lösemittel wurden NMP und Glycerin verwendet, da deren Oberflächenenergien im Bereich derer von unbehandelten und plasmabehandelten CNTs liegen. Die Oberflächenenergien wurden mittels Willhelmy-Plattenmethode ermittelt. Im Fall von NMP liegt diese bei $\gamma_{(NMP)} = 64{,}4$ mJ/m^2 und für Glycerin bei $\gamma_{(Glycerin)} = 90{,}3$ mJ/m^2.

Abbildung 5.14 zeigt die Extinktion der hergestellten Dispersionen in NMP (obere Messkurven, linke Achse) und Glycerin (untere Messkurven, rechte Achse). Im Fall von NMP konnte nach der Plasmabehandlung eine Erhöhung der Dispergierfähigkeit festgestellt werden. Hier haben sich die Oberflächenenergien von Lösemittel und CNT angeglichen. Im Fall von Glycerin nahm der Unterschied der Oberflächenenergien zwischen Lösemittel und CNT durch die Plasmamodifizierung zu, was in einer Absenkung der Dispergierfähigkeit resultiert. Es ist jedoch anzumerken, dass Glycerin in beiden Fällen eine sehr geringe Dispergierfähigkeit im Vergleich zu NMP aufweist. Dies hat jedoch keinen Einfluss auf die Ergebnisse und Schlussfolgerungen dieses Abschnitts.

Die von Coleman [BNS+08] aufgestellte These konnte in der Arbeit erstmals experimentell bestätigt werden. Durch Modifikation der Oberflächenenergie von Carbon Nanotubes mittels Plasmabehandlung wurde gezeigt, dass sich Nanotubes dann besser dispergieren lassen, je ähnlicher sich die Oberflächenenergien von CNT und Lösemittel sind. Dieses Ergebnis kann dazu genutzt werden, um bei Prozessen, bei denen keine Variation des Lösemittels möglich ist, eine Optimierung der Dispersion durch Modifizierung des CNT Rohmaterials zu erreichen.

Dazu wurden Versuche in Kooperation mit dem Leibniz-Institut für Polymerforschung in Dresden durchgeführt, die zum Ziel hatten aufzuzeigen, ob sich plasmamodifiierte CNTs besser in Polycarbonat dispergieren lassen. Dabei konnte gezeigt werden, dass nicht nur die Dispergierfähigkeit erhöht sondern auch die Faser-Matrix-Haftung zwischen CNTs und Polymermatrix erhöht werden kann. Hierzu wurden MW-CNTs in Form von Bucky Papern mittels Ar/O$_2$-Plasma modifiziert und anschließend

5.1 Dispergierung von Carbon Nanotubes

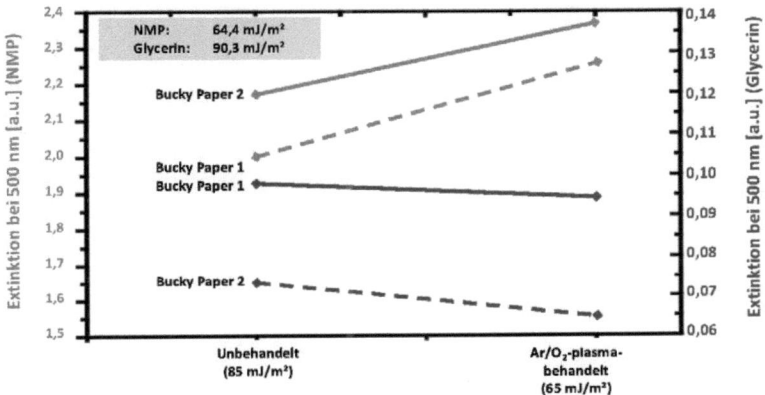

Abbildung 5.14: *Auswirkung der Variation der Oberflächenenergie von Carbon Nanotubes auf die Dispergierfähigkeit. Je ähnlicher die Oberflächenenergie von CNT und Lösemittel ist, desto besser ist die Dispergierbarkeit.*

durch Extrusion in Polycarbonat dispergiert. Im hergestellten CNT-PC-Komposit zeigen plasmabehandelte CNTs eine verbesserte Dispersion sowie eine erhöhte Adhesion zur Matrix. Die elektrische Perkolationsschwelle änderte sich nicht und lag wie bei unbehandelten CNTs unterhalb von 0,5 Gew.-%. Die mechanischen Eigenschaften wurden durch die Plasmabehandlung verbessert. Dies zeigt sich insbesondere durch eine erhöhte Zugfestigkeit, eine erhöhte Spannung oberhalb der Fließgrenze sowie eine höhere Bruchdehnung. Genauere Informationen zur Herstellung der Komposite und Messung der mechanischen Eigenschaften finden sich bei [PZMV09]. REM-Aufnahmen zur Verdeutlichung der erhöhten Faser-Matrix-Haftung sowie ein Spannungs-Dehnungs-Diagramm der CNT-Komposite zeigt Abbildung 5.15.

5.1.5 Einfluss der Viskosität auf die Dispersion

Die Viskosität des Dispergiermediums beeinflusst die Effektivität der Ultraschallbehandlung mittels Sonotrode sehr stark. Dadurch kommt es zu unterschiedlich guter bzw. schlechter Dispergierung der Nanotubes. Dieser Effekt wurde gezielt untersucht.

Zur Untersuchung des Einflusses der Viskosität wurde eine wässrige SDS-Lösung

Kapitel 5 Ergebnisse und Diskussion

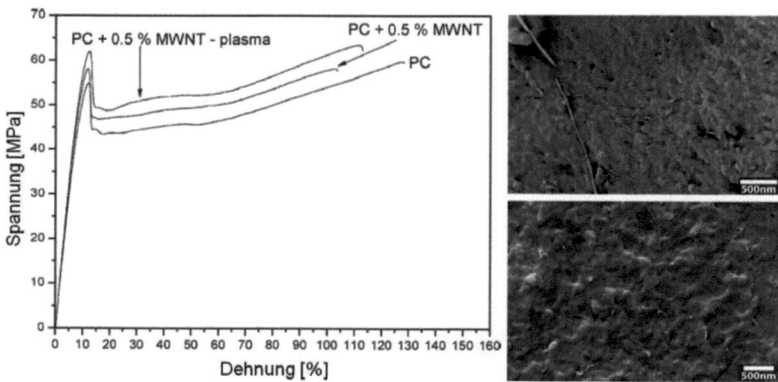

Abbildung 5.15: *Links: Spannungs-Dehnungs-Diagramm der CNT-PC-Komposite (nach [PZMV09]) Rechts: REM-Aufnahmen von gefriergebrochenen Oberflächen der CNT-PC-Komposite mit unbehandelten CNTs (oben) sowie plasmamodifizierten CNTs (unten). Eine leicht verbesserte Faser-Matrix-Haftung ist erkennbar.*

mittels Verdicker modifiziert. Als Verdickungsmittel wurde Xanthan verwendet. Xanthan ist ein natürliches Gelier- und Verdickungsmittel, das mittels Bakterien aus zuckerhaltigen Substanzen gewonnen und hauptsächlich in der Lebensmittelindustrie (E-Nummer E 415) verwendet wird [GOSCG00]. Durch diesen Verdicker war es möglich, die Viskosität der SDS-Lösung gezielt zwischen $5{,}0^{-3}$ Pa·s und 10^2 Pa·s einzustellen. Hierzu wurden nur bis zu maximal 0,9 Gew.-% bei 10^2 Pa·s benötigt. Durch die geringe Konzentration kann eine sonstige Beeinflussung der Dispergierfähigkeit durch Xanthan (z.B. durch chemische Struktur o.ä.) vernachlässigt werden.

In jeweils 25 mL der teilweise verdickten SDS-Lösung wurden 25 mg CNTs mittels zehnminütiger Ultraschallbehandlung dispergiert. Anschließend wurden die Proben bis zu 100 min bei 4500 rcf zentrifugiert. Zur Bestimmung der Qualität der Dispersion wurde anschliessend mittels UV-VIS Photometrie die Extinktion bei einer Wellenlänge von $\lambda = 500$ nm gemessen. Die Ergebnisse der Versuchsreihe sind in folgender Tabelle dargestellt.

Die Ergebnisse der Versuchsreihe sind in Abbildung 5.16 visualisiert. In der Grafik ist nach rechts die abnehmende Viskosität der SDS-Xanthan-Lösung, nach links-hinten

5.1 Dispergierung von Carbon Nanotubes

Tabelle 5.5: *Extinktionsmessungen bei 500nm [a.u] in Abhängigkeit der Viskosität des Lösemittels.*

Zentrifugations-dauer [min]	Viskosität [Pas]								
	0,05	0,31	0,59	0,97	1,47	2,01	3,16	6,61	10,4	11,5
0	361	357	348	283	147	115	73	249	316	132
1	383	341	308	276	119	105	84	84	136	123
5	336	296	272	237	89	74	80	71	49	60
10	323	262	257	228	68	69	66	68	39	59
15	315	258	249	198	83	65	66	58	42	56
30	312	268	225	208	80	66	63	53	59	56
60	285	230	216	184	56	55	63	33	30	28

die abnehmende Zentrifugationszeit aufgetragen. Die z-Achse zeigt die optische Extinktion bei 500 nm. Die Kreuzungspunkte des eingezeichneten Gitters entsprechen dabei den aufgenommenen Messwerten. Die farbige Fläche wurde durch den Computer berechnet. Rottöne stellen eine hohe Extinktion (verursacht durch eine hohe Absorption), Blautöne entsprechend eine geringere Extinktion dar.

Geht man davon aus, dass eine hohe optische Extinktion, hervorgerufen offensichtlich durch eine große Menge an CNTs, für eine gute Dispersion steht, so finden sich gute Dispersionen grundsätzlich bei niedrigeren Viskositäten. Dies ist plausibel, da hier eine geringere Dämpfung des Ultraschallsignals im Lösemittel zu erwarten ist.

Überraschend ist jedoch, dass auch bei sehr hohen Viskositäten ($\rho \approx 10^2$ Pa·s) und niedrigen Zentrifugationszeiten eine hohe optische Extinktion zu beobachten ist. Diese scheinbar gute Dispersion wird allerdings bei längeren Zentrifugationszeiten nahezu vollständig transparent, d.h. die optische Extinktion sinkt stark ab (siehe blauer Bereich im Vordergrund).

Wie ist diese hohe Extinktion zu erklären? Sieht man sich die Dispersionen in Abbildung 5.16 genauer an, so erkennt man, dass im Bereich hoher Viskositäten zwar eine Aufwirbelung der CNT-Agglomerate stattgefunden hat, diese jedoch nicht aufgebrochen wurden. Auf Grund der hohen Viskosität ist die durch das Gewicht der Teilchen verursachte Absinkgeschwindigkeit jedoch so gering, dass die großen CNT-Agglomerate in der Dispersion verweilen und zu einer hohen optischen Extinktion beitragen. Erst die zusätzliche Zentrifugationswirkung fördert ein Absedimentieren der Agglomerate.

Kapitel 5 Ergebnisse und Diskussion

Bei niedrigen Viskositäten hingegen wurden Carbon Nanotubes nicht nur homogen verteilt, sondern zusätzlich auch die anfangs vorliegenden CNT-Agglomerate aufgebrochen. Dadurch bleibt die Extinktion auch bei längerem Zentrifugieren auf einem hohen Niveau, da einzelne Nanotubes auf Grund ihres geringen Masse-zu-Volumen-Verhältnisses nur durch extrem hohe Kräfte abzentrifugiert werden können.

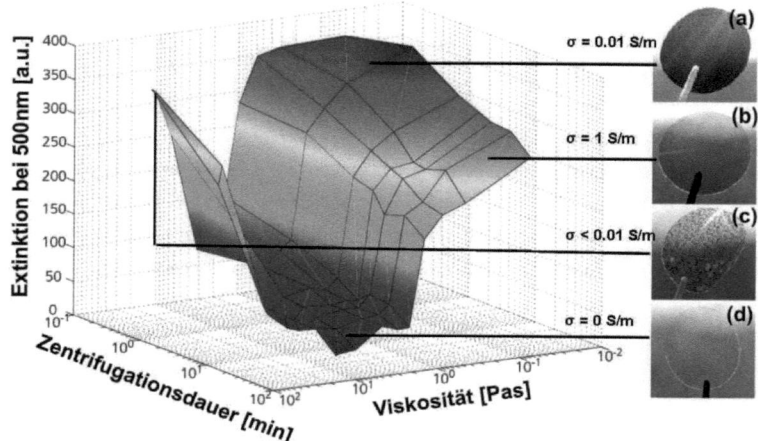

Abbildung 5.16: *Abhängigkeit der Dispergierfähigkeit von der Viskosität des Lösemittels. Nach oben dargestellt ist die Extinktion bei einer Wellenlänge von 500 nm. Die hergestellten Polymer-Komposite (rechts) zeigen, dass eine elektrische Leitfähigkeit sowie eine homogene Verteilung einzelner CNTs nur bei niedrigen Viskositäten und hinreichender Zentrifugation erreicht wird.*

Diese Deutung der Ergebnisse konnte noch weiter bestätigt werden. Hierzu wurden Polymer-Komposite aus Polysulfon-NMP-Lösungen hergestellt, deren Viskositäten denen der SDS-Lösungen entsprachen. Die Herstellung entspricht der Herstellung mittels Rakeltechnik und Abdampfen des Lösemittels, die in Kapitel 4.3.2 erläutert wurde. Die hergestellten Komposite geben zunächst rein optisch Auskunft über die Qualität der CNT-Dispersion. Sowohl Probe Nr. 1 als auch Probe Nr. 3 (von oben gezählt) zeigen deutliche Heterogenitäten, die auf nicht abzentrifugierte CNT-Agglomerate zurückzu-

5.1 Dispergierung von Carbon Nanotubes

führen sind. Bei Probe Nr. 4 wurden diese Agglomerate vollständig durch den Zentrifugationsschritt entfernt. Diese drei Proben zeigen daher auch keine oder nur sehr geringe spezifische elektrische Leitfähigkeit ($< 0{,}01\,\text{S/m}$). Nur Probe Nr. 2 zeigt eine homogene Verteilung von vereinzelten Carbon Nanotubes, was in einer für Polymer-Komposite sehr hohen spezifischen elektrischen Leitfähigkeit von $\sigma = 1\,\text{S/m}$ resultiert.

Als Fazit lassen sich aus den in diesem Abschnitten dargestellten Experimenten zwei Schlussfolgerungen ziehen:

Erstens: Eine niedrige Viskosität des Lösemittels ist notwendig, um ein Aufbrechen der Agglomerate und dadurch eine Vereinzelung der Nanotubes zu ermöglichen. Hohe Viskositäten dämpfen den Ultraschalleintrag zu stark, die CNT-Agglomerate bleiben bestehen.

Zweitens: Der Schritt der Zentrifugation ist in allen Fällen notwendig. Nur dadurch können verbleibende CNT-Agglomerate entfernt und eine feine Verteilung der CNTs in der Dispersion bzw. dem Polymer-Komposit sichergestellt werden.

5.2 Dispergierung in wässrigen Lösungen zur Herstellung von Bucky Paper-Membranen

In diesem Kapitel sollen die Einsatzmöglichkeiten und Grenzen von reinen CNT Sheets, sogenannten Bucky Papern, als Membran anhand der durchgeführten Experimente diskutiert werden. Im Rahmen der Untersuchungen wurden drei unterschiedliche Ansätze verfolgt:

- **Schaltbare Membranen**
  Ziel war es hier, zu prüfen, ob durch das Anlegen eines elektrischen Feldes Membraneigenschaften wie z. B. der Wasserfluss beeinflusst werden können. Aus der Aktuatorforschung ist bekannt, dass CNTs unter angelegter Spannung eine Dickenzunahme zeigen [BCZ+99]. Es sollte daher überprüft werden, ob sich die Porosität von CNT-Sheets beeinflussen lässt, so dass sich die Trenneigenschaften steuern lassen.

- **Absorptionsmembranen**
  Durch die Erzeugung funktioneller chemischer Gruppen mittels Plasmatechnologie auf der Oberseite von Carbon Nanotube Sheets wurden Absorptionsmembranen hergestellt und charakterisiert.

- **Anti-Fouling Membranen**
  Als dritte Möglichkeit wurde der Einsatz als Membranen mit Anti-Fouling-Ausrüstung untersucht. Biofouling ist ein gängiges Problem in der Membrantechnik, was zu einer Verblockung der Poren führt. Die Entfernung bzw. Vermeidung des Biofilms oder die Inaktivierung von Bakterien kann über Erwärmung erfolgen. Eine Erwärmung von Bucky Papers wurde mittels elektrischem Stromfluss realisiert.

5.2.1 Herstellung von Bucky Papers

Zum Einsatz als Materialien für reine CNT-Membranen wurden Bucky Paper nach dem in Kapitel 4.4.1 beschriebenen Prozess hergestellt. Zunächst wurden Versuche durchgeführt mit dem Ziel, stabile und handhabbare Bucky Paper herstellen zu können.

5.2 Dispergierung in wässrigen Lösungen zur Herstellung von Bucky Paper-Membranen

Hierbei wurden Materialien der Hersteller Bayer, Nanocyl sowie Future Carbon verwendet. Bucky Paper aus diesen Rohmaterialien wurden mit dem gleichen Parametersatz (Ultraschalldauer, Ultraschallleistung, Zentrifugation, Einwaage usw.) hergestellt und bezüglich der Dicke, der Masse sowie der elektrischen Leitfähigkeit bewertet. Die Ergebnisse zeigt Abb 5.17 (links). Future Carbon und Nanocyl Bucky Paper weisen mit ca. 62 bzw. 66 S/cm eine deutlich höhere elektrische Leitfähigkeit auf als Bucky Paper, die aus Baytubes hergestellt wurden (ca. 38 S/cm). Nanocyl Bucky Paper zeigen auf der anderen Seite eine deutlich geringere Dicke und Masse (14 µm / 29 mg). Hier liegen Baytubes (26 µm / 53 mg) und Future Carbon (28 µm / 63 mg) enger beisammen. Im Rahmen dieser Arbeit wurden etwa 250 Bucky Paper hergestellt, so dass die vorgestellten Messergebnisse als reproduzierbar bewertet werden können. Sämtliche zur Herstellung der Bucky Paper verwendeten Parameter sowie die Messergebnisse bzgl. Masse, Dicke und elektrischer Leitfähigkeit finden sich in der im Anhang abgebildeten Tabelle.

Anschließend wurden weitere Parameter der Bucky Paper Herstellung varriiert. Diese Versuche wurden hauptsächlich an Material der Firma Bayer durchgeführt. Um Unterschiede zwischen den Herstellern zu erkennen, wurden jedoch auch einige Auswirkungen der Parametervariation an Future Carbon und Nanocyl CNTs gemessen.

Abbildung 5.17 (rechts) zeigt den Einfluss der Ultraschallzeit für Bucky Paper beispielhaft am Beispiel von Material der Firma Bayer. Je nach Ultraschalldauer ergeben sich bei 30, 120 und 240 min Bucky Paper zunehmender Dicke und Masse. Die Zunahme der Bucky-Paper-Dicke lässt sich leicht erklären, da beim Ultraschallprozess mehr Agglomerate aufgebrochen werden und somit mehr isolierte CNTs in der Dispersion vorliegen, die nach der Zentrifugation im Überstand zur Verfügung stehen. Dies ist konsistent mit den in Kapitel 5.1 diskutierten Ergebnissen. Ein signifikanter Einfluss auf die elektrische Leitfähigkeit kann jedoch nicht nachgewiesen werden. Dieser liegt für alle drei Zeiten zwischen 36 und 38 S/cm. Hält man die Ultraschallbehandlungsdauer konstant und variiert die Zeit der Zentrifugation, so ergeben sich Bucky Paper mit den in Abbildung 5.18 (links) dargestellten Eigenschaften. Längere Zentrifugation sorgt dafür, dass mehr und mehr Agglomerate aus dem Überstand entfernt werden. Der absolute Anteil an Kohlenstoffmaterial im Überstand nimmt also ab, was sich in einer Erniedrigung der Dicke und Masse des Bucky Papers äußert. Beim Zentrifugieren werden allerdings bevorzugt Agglomerate und amorphe Kohlenstoffpartikel abzen-

Kapitel 5 Ergebnisse und Diskussion

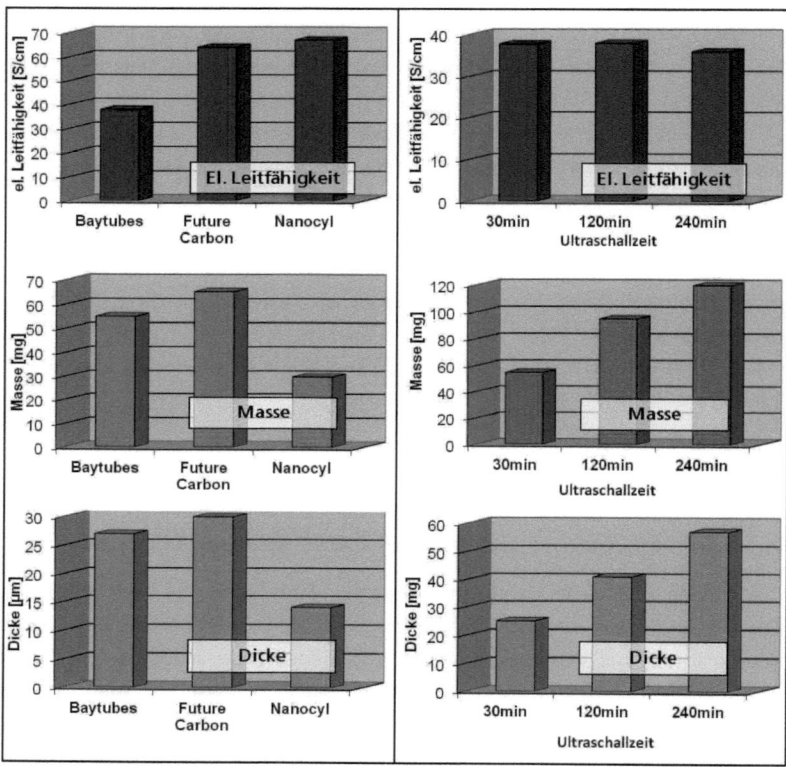

Abbildung 5.17: **Links:** *Eigenschaften von Bucky Papers bei der Verwendung von Carbon Nanotubes unterschiedlicher Hersteller. Bei sonst gleichen Herstellungsparametern zeigen Baytubes eine deutlich geringere elektrische Leitfähigkeit, während Nanocyl Material dünnere und leichtere Bucky Paper ergibt.*
Rechts: *Einfluss der Ultraschallzeit auf Bucky Paper aus CNTs der Firma Bayer. Dicke und Masse steigen mit zunehmender Ultraschalldauer. Ein signifikanter Einfluss auf die elektrische Leitfähigkeit ist nicht erkennbar.*

5.2 Dispergierung in wässrigen Lösungen zur Herstellung von Bucky Paper-Membranen

trifugiert, da diese ein höheres Masse- zu Volumenverhältnis aufweisen. Auf Grund des niedrigeren Aspektverhältnisses der Agglomerate liegen hier im Endprodukt mehr Partikel-Partikel-Übergänge vor als bei Carbon Nanotubes. Diese Übergänge sind maßgeblich für den elektrischen Widerstand verantwortlich. Der relative Anteil an CNTs im Überstand steigt also durch die Zentrifugation und führt zu einer höheren elektrischen Leitfähigkeit bei höheren Zentrifugationszeiten. Bei allen Versuchen betrug die Zentrifugationskraft 4500 rcf.

Ein ähnlicher Einfluss der Zentrifugationsdauer konnte jedoch für Bucky Paper aus Materialien der Firmen Future Carbon (FC) sowie Nanocyl (NC) nicht festgestellt werden. Wie Abbildung 5.18 (rechts) zeigt, hat für diese CNTs die Zentrifugationszeit bei einer Ultraschallbehandlungsdauer von 30 Minuten keinen erkennbaren Einfluss auf die elektrische Leitfähigkeit, Dicke und Masse des CNT-Sheets. Zieht man die Ergebnisse aus Kapitel 5.1.2 zur Erklärung dieses Effekts hinzu, so ist eine mögliche Erklärung die schnellere Vereinzelung von CNT-Agglomeraten der Firmen Future Carbon und Nanocyl. Hier liegen nach 30 minütiger Ultraschallbehandlung sämtliche CNTs vereinzelt vor. Katalysatorreste werden bereits in den ersten fünf Minuten der Zentrifugation absedimentiert, so dass eine längere Zentrifugation keinen Einfluss hat. Eine Zentrifugationsleistung von 4500 rcf reicht nicht aus, um auch isolierte CNTs abzusetzen. Im Falle von Baytubes liegt nach 30 minütiger Ultraschallbehandlung jedoch noch ein gewisser Teil des Rohmaterials als CNT-Agglomerate vor, da Baytubes eine höhere Energie zum Aufbrechen der Agglomerate benötigen. Diese verbleibenden Agglomerate werden während der Zentrifugation nach und nach abzentrifugiert, so dass eine längere Zentrifugationsdauer zu einer Reduzierung der Agglomeratkonzentration und damit zu einer relativen Erhöhung der Konzentration an einzelnen CNTs führt.

Über die gezielte Wahl der gezeigten Parameter sowie der Einwaage an CNTs konnten Bucky Paper produziert werden, die je nach Anwendung bezüglich ihrer Leitfähigkeit sowie ihrer Dicke und damit ihrer mechanischen Stabilität optimiert wurden. Diese CNT-Sheets wurden für die drei nachfolgend beschriebenen, unterschiedlichen Membrananwendungen getestet.

5.2.2 Schaltbare Membranen

Um als erste Möglichkeit den Einsatz von Bucky Papern als schaltbare Membranen zu untersuchen, wurden Bucky Paper zunächst mit einem Polymer (Parylen C) beschich-

Kapitel 5 Ergebnisse und Diskussion

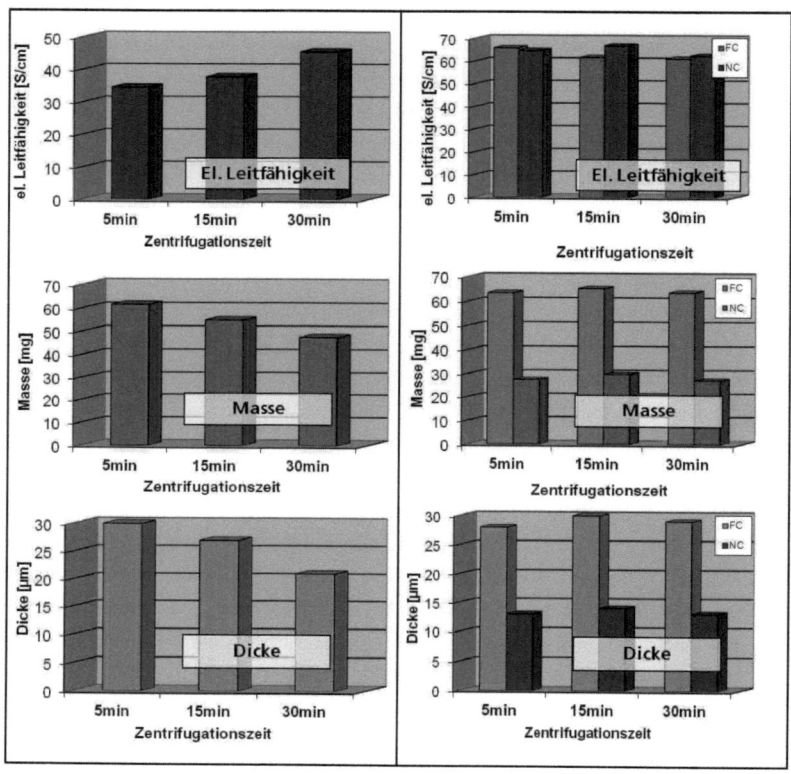

Abbildung 5.18: **Links:** Einfluss der Zentrifugationsdauer auf Bucky Paper aus Baytube Material. Geringere Mengen an Kohlenstoffmaterialien im Überstand führen zu geringerer Dicke und geringerer Masse, eine relative Erhöhung des CNT-Anteils führt zu einer höheren elektrischen Leitfähigkeit bei höheren Zentrifugationszeiten.
Rechts: Einfluss der Zentrifugationsdauer auf Bucky Paper für Materialien der Firmen Future Carbon (FC) sowie Nanocyl (NC). Bei 30 minütiger Ultraschallbehandlung ist keinerlei Einfluss der Zentrifugationsdauer auf die produzierten Bucky Paper erkennbar.

5.2 Dispergierung in wässrigen Lösungen zur Herstellung von Bucky Paper-Membranen

tet (Abb. 5.19). Diese Schicht soll zwei Aufgaben erfüllen.

Zum einen sind die Poren von reinen CNT-Sheets mit Porenradien von einigen hundert Mikrometern zu groß, um als Membranporen zu dienen. Dies wurde durch den sogenannten Dextran-Blau-Test nachgewiesen. Hierzu wird eine wässrige Lösung eines Makromoleküls (Dextran) mit einer Molmasse von 20000 Dalton durch die Membran filtriert. Werden die Zuckermoleküle zurückgehalten, wird dies durch eine Entfärbung der ursprünglich blau gefärbten Dextranlösung ersichtlich. Da bei Versuchen an Bucky Papern keinerlei Entfärbung erkennbar war, also auch Makromoleküle nicht zurückgehalten werden, erübrigten sich auch weitere Cut-Off Messungen. Die Porengröße sollte nun also durch eine Parylendeckschicht verringert werden.

Zum anderen dient die Verwendung der Polymerbeschichtung mit Parylen als dielektrische Schicht. Zwischen zu filtrierender Flüssigkeit und CNT Membran sollte eine Spannung angelegt werden, so dass sich über die Parylenschicht eine Potentialdifferenz einstellt. Die Idee dieses Aufbaus ist es, den Effekt, der bereits bei CNT-Aktuatoren beschrieben wird [Voh04], dass sich Nanotubes im elektrischen Feld ausdehnen bzw. zusammenziehen zu nutzen, um so Porengrößen gezielt zu verändern. Dieses elektrische Feld soll also während des Filtrationsprozesses die Größe der Nanotubes beeinflussen und so die Porengröße der CNT-Membran steuern. Als erster Versuch, um diesen Effekt zu untersuchen, wurde der Einfluss eines elektrischen Feldes auf die Oberfläche und die Benetzungseigenschaften eines solchen CNT-Sheets getestet.

Hierzu wurde der Kontaktwinkel eines aufgesetzten Wassertropfens in Abhängigkeit der angelegten Spannung gemessen. Die Spannung wurde zwischen Wassertropfen und Bucky Paper angelegt (siehe Abb 5.20). Eine Verringerung des Kontaktwinkels mit zunehmendem elektrischen Feld ergibt sich entsprechend der Lippmann-Young-Gleichung

$$\cos\theta_V = \cos\theta_0 + \frac{\epsilon_r \epsilon_0}{2d\gamma_l}U^2, \qquad (5.1)$$

wobei θ_0 der Kontaktwinkel ohne elektrisches Feld, γ_l die Oberflächenspannung der benetzenden Flüssigkeit, ϵ_r die relative Permittivität der Parylenschicht und U die angelegte Spannung ist. Im untersuchten Fall findet jedoch bei Spannungen von betragsmäßig größer 100V kein weiterer Abfall des Kontaktwinkels statt.

Diese Ergebnisse gaben Anlass, die Untersuchungen auf den tatsächlichen Filtrationsprozess zu übertragen. Eine speziell entwickelte Filtrationszelle ermöglichte es,

Kapitel 5 Ergebnisse und Diskussion

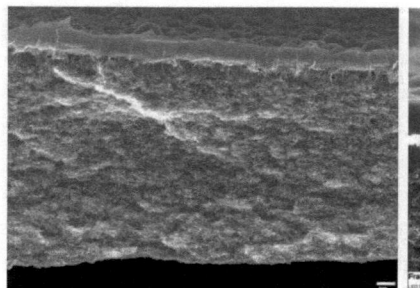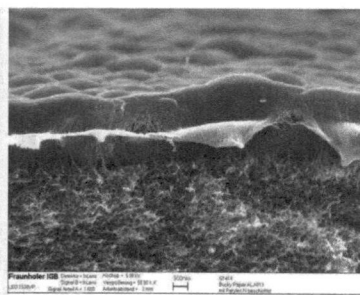

Abbildung 5.19: *Parylenbeschichtung auf Bucky Paper im Querschnitt. Links: CNT Membran mit Parylendeckschicht im Querschnitt. Die REM-Aufnahme wurde nachträglich koloriert. Rechts: Parylendeckschicht auf Bucky Paper. Die Deckschicht ist ca. 600nm dick. Die einzelnen Nanotubes im darunterliegenden Bucky Paper sind deutlich erkennbar.*

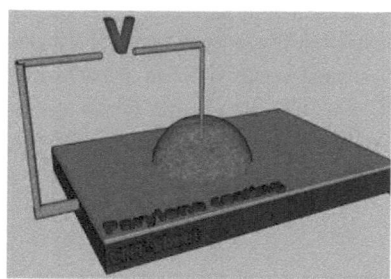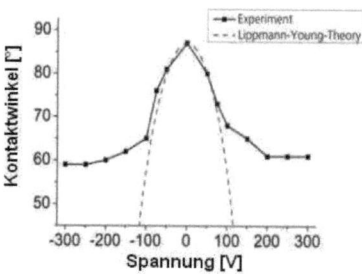

Abbildung 5.20: *Links: Schematische Darstellung der Kontaktwinkelmessung. Zwischen Wassertropfen und Bucky Paper wurde eine Potentialdifferenz angelegt. Rechts: Zwischen -100 V und +100 V folgen die gemessenen Kontaktwinkel der Lippmann-Young-Gleichung, bei betragsmäßig höheren Spannungen ist eine Art Sättigung erkennbar.*

5.2 Dispergierung in wässrigen Lösungen zur Herstellung von Bucky Paper-Membranen

während einer Überdruckfiltration mit bis zu 7.5 bar, Spannungen von bis zu 1000 V sowohl entlang des Bucky Papers als auch zwischen Bucky Paper und Flüssigkeit anzulegen.

Systematisch wurden die Parameter „Dicke der Parylenschicht" (0,5 – 4 µm), „Dicke des Bucky Paper" (10 – 50 µm), „Filtrationsdruck" (1 – 4 bar) sowie „angelegte Spannung" (-500 – +500 V) varriiert und der Wasserwert gemessen. In keinem Fall konnte jedoch ein Einfluss eines elektrischen Feldes auf die Filtrationseigenschaften nachgewiesen werden. Der Ansatz von schaltbaren CNT-Membranen durch Anlegen einer elektrischen Spannung wurde daher nicht weiter verfolgt und muss als nicht realisierbar angesehen werden. Eine Ausnahme könnten evtl. parallel angeordnete, sogenannte „aligned" Nanotubes darstellen, bei denen die CNTs selbst als Pore dienen (siehe Kapitel 3.3.2). Diese wurden im Rahmen dieser Arbeit jedoch nicht untersucht.

5.2.3 Adsorptionsmembranen

Ein zweiter Ansatz, CNT-Sheets als Membranmaterial einzusetzen, ist die Verwendung als Adsorptionsmembranen (Abb 5.21). Hierzu wurden Bucky Paper in einem Parallelplattenreaktor mittels Plasmabehandlung modifiziert. Durch die Verwendung von NH_3 als Prozessgas konnten Carbon Nanotubes mit Aminogruppen (-NH_2) funktionalisiert werden. Eine detaillierte Beschreibung der Plasmafunktionalisierung findet sich zum Beispiel bei [Zsc10]. Prinzip einer Adsorptionsmembran ist es, beim Filtrationsprozess gezielt Moleküle, die an bestimmten chemischen Gruppen anbinden, zu adsorbieren und dadurch aus dem Filtrat zu entfernen.

Der Nachweis geschah in diesem Fall mit Fluoresceinisothiocyanat (FITC), einem Fluoreszenzfarbstoff, der an Aminogruppen kovalent bindet. Eine wässrige Lösung von FITC wurde über unbehandelte und plasmafunktionalisierte Bucky Paper filtriert. Anschließend wurde mehrmals mit 60 °C warmen, deionisiertem Wasser gespült, um physikalisch gebundene FITC Moleküle zu entfernen.

Abbildung 5.21 zeigt schematisch die Filtration einer wässrigen FITC-Lösung durch ein unbehandeltes (links) sowie ein plasmafunktionalisiertes Bucky Paper (rechts). Im Fluoreszenzbild ist im Falle der Aminofunktionalisierung auf der Oberseite (Plasma zugewandte Seite) des CNT-Sheets deutlich eine Belegung mit FITC-Molekülen erkennbar. Auf der Unterseite (Plasma abgewandten, d.h. unbehandelten Seite) sowie auf dem nicht plasmabehandelten Bucky Paper ist keinerlei Anbindung erkennbar.

Kapitel 5 Ergebnisse und Diskussion

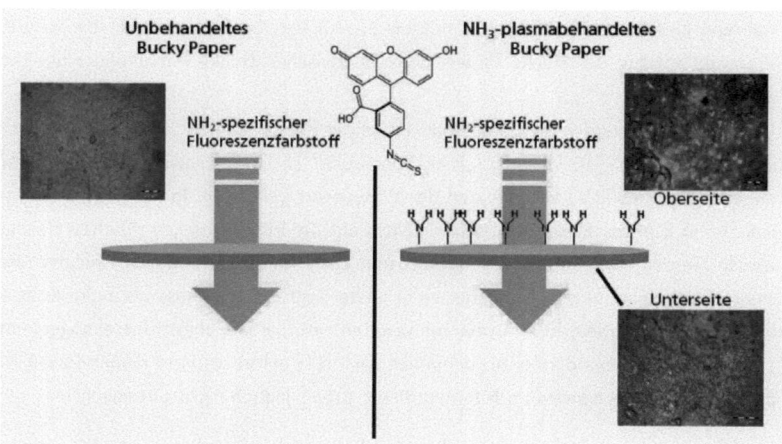

Abbildung 5.21: *Schematische Darstellung der Wirkungsweise einer CNT-Adsorptionsmembran. Der Fluoreszenzfarbstoff FITC bindet spezifisch an Aminogruppen. Die fluoreszenzmikroskopischen Aufnahmen zeigen, dass nur auf der Oberseite des plasmabehandelten Bucky Papers eine Adsorption stattgefunden hat.*

Um die Stärke der Anbindung der FITC-Moleküle an die funktionalisierten CNTs zu analysieren, wurde das Bucky Paper einer thermischen Behandlung unterzogen. Das in Abb 5.22 dargstellte Temperaturprofil wurde durch Anlegen einer Spannung von 10 V entlang des Bucky Papers erreicht. Vor jeder Fluoreszenzmessung wurde die Probe erneut mit 60°C warmen, deionisierten Wasser gespült.

Das funktionalisierte und mit FITC versehene Bucky Paper (1) wurde zunächst 45 sec mit 50 °C behandelt (2). Sowohl hier als auch nach einer 30 sekündigen Behandlung bei 150 °C (3) ist keine deutliche Abnahme des FITC-Gehalts erkennbar. Erst nach einer 15 minütigen Behandlung bei 150 °C ist im anschließend aufgenommenen Fluoreszenzbild nahezu keine Einfärbung mehr erkennbar.

Die Frage, ob es sich um einen reversiblen Prozess handelt, das FITC also thermisch wieder von der Aminogruppe abgespalten wurde, oder ob der Farbstoff auf Grund der thermischen Behandlung zerstört wurde, konnte durch erneute Filtration mit wässriger FITC-Lösung beantwortet werden. Auch nach erneutem Kontakt mit FITC ist

5.2 Dispergierung in wässrigen Lösungen zur Herstellung von Bucky Paper-Membranen

keinerlei Färbung im Fluoreszenzbild erkennbar, was darauf schließen lässt, dass keine Aminofunktionalitäten vorhanden sind. Der Farbstoff wurde bei längerer thermischer Beanspruchung also zerstört.

Die Möglichkeit der Verwendung einer Adsorptionsmembran aus Carbon Nanotubes konnte durch Plasmafunktionalisierung und der Erzeugung von Aminogruppen gezeigt werden. Ein reversibler Prozess, bei dem die adsorbierten Moleküle durch thermische Behandlung wieder abgespalten werden können, wurde jedoch für das hier betrachtete Molekül nicht beobachtet.

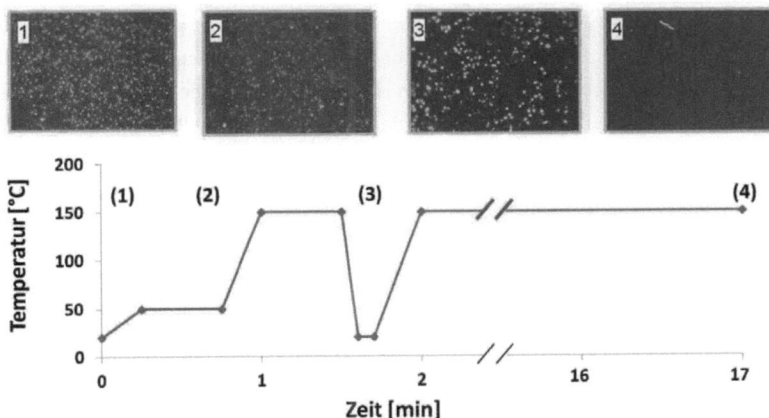

Abbildung 5.22: *Temperaturprofil der thermischen Behandlung. Erst eine längere Behandlung bei 150°C sorgt für ein Verschwinden des Farbstoffes im Fluoreszenzbild (4). Ein erneutes Anbinden von FITC konnte nicht nachgewiesen werden, was auf eine irreversible Zerstörung des FITC Moleküls schließen lässt.*

5.2.4 Anti-fouling und Sterilisation durch heizbare Membranen

Als dritte mögliche Anwendung von Bucky Papern als Membranen wurde die Heizbarkeit von CNT-Sheets untersucht. Durch das Aufheizen einer Membran könnten Anti-fouling Eigenschaften verbessert oder eine Sterilisation des Filtrats im Batchbetrieb des Filtrationsprozesses erreicht werden [SSH+10].

Kapitel 5 Ergebnisse und Diskussion

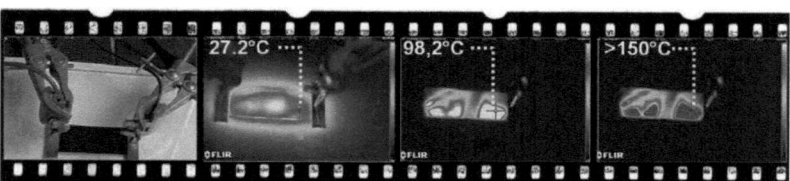

Abbildung 5.23: *Aufheizen einer Bucky Paper-Membran durch Anlegen einer Spannung von 10 V. Nach ca. drei Sekunden wurden 150 °C überschritten.*

Zur Demonstration der einfachen Heizbarkeit eines Bucky Papers wurde ein rechteckiger Streifen (3 x 7 cm) an beiden Enden mit einer Kupferplatte belegt, an die wiederum Elektroden angebracht wurden. Die Aufheizung wurde zeitaufgelöst mit einer Infrarotkamera dokumentiert. Bereits bei einer angelegten Spannung von 10 V wurden innerhalb weniger Sekunden Temperaturen von mehr als 150 °C erreicht. Der Verlauf ist in Abb 5.23 dargestellt. Die leicht inhomogene Wärmeverteilung ist darauf zurückzuführen, dass das Bucky Paper nicht an allen Stellen auf der Versuchsunterlage aufliegt und daher der Abtransport der Wärme unterschiedlich schnell stattfindet.

Bei Abschalten der Spannung kühlt die CNT-Membran ebenfalls binnen weniger Sekunden auf Raumtemperatur ab. Dieses rasche Abkühlen kann mit der hohen Wärmeleitfähigkeit sowie der geringen Wärmekapazität von Carbon Nanotubes erklärt werden. Die Tatsache, dass sich ein Bucky Paper bei Anlegen einer Spannung überhaupt erwärmt, steht zunächst scheinbar in Widerspruch zum nahezu ballistischen Stromtransport innerhalb einer Nanotube. Verantwortlich für den makroskopisch dennoch existenten Ohmschen Widerstand sind die CNT-CNT-Übergänge. Je kürzer die Nanotubes, desto mehr Übergänge finden sich pro Längeneinheit im Bucky Paper wieder, desto niedriger ist auch die spezifische Leitfähigkeit und desto schneller erwärmt sich somit die CNT-Membran.

Für Anwendungen im Bereich des Anti-foulings oder der Sterilisation ist der Einsatz von CNTs in der hier gezeigten Form als Bucky Paper oder als Zusatz in Polymer oder Naturfasermembranen durchaus ein erfolgversprechender Ansatz.

5.3 Dispergierung in organischen Lösemitteln zur Herstellung von CNT-Polymer-Kompositen sowie deren Anwendung als Membranen

Im folgenden Kapitel geht es um die Dispergierung von Carbon Nanotubes in organischen Lösemittel, um anschließend CNT-Polymer-Komposite daraus herzustellen. Die gewonnenen Erkenntnisse der in Kapitel 5.1 vorgestellten Ergebnisse wurden genutzt, um Dispersionen von CNTs in N-Methyl-2-Pyrrolidon (NMP) sowie in N-Ethyl-2-Pyrrolidon (NEP) zu optimieren. Die Herstellung der Komposite erfolgte nach den in Kapitel 4.5 beschriebenen Verfahren.

Im Folgenden werden zunächst die optischen Eigenschaften der Komposite dargestellt. Anschließend wird auf die elektrischen Eigenschaften sowie die Membraneigenschaften näher eingegangen.

5.3.1 Optische Eigenschaften von CNT-Polymer-Kompositen

Zur Herstellung von Polymer-Kompositen sind grundsätzlich unterschiedliche Verfahren möglich (siehe Kapitel 3.2). Die in dieser Arbeit untersuchten CNT-Polymer-Komposite wurden aus Polymerlösungen mittels Rakeltechnik hergestellt. Die resultierenen Flachsubstrate zeigen je nach Herstellungsprozess eine dichtere oder porösere Struktur. Diese Struktur, d.h. die Porengröße, definiert die Membraneigenschaften, die im Unterkapitel 5.3.3 noch näher erläutert werden.

Eine Übersicht über drei beispielhaft ausgewählte CNT-Polysulfon Membranen zeigt die folgende Tabelle.

Tabelle 5.6: *Vegleich unterschiedlicher PSU-CNT Membranen*

Probe	Transmission bei 500nm [%]	elektrische Leitfähigkeit [S/m]	Füllgrad [%]
Membran (a)	8,4	0,04	5,00
Membran (b)	48	0,92	1,02
Membran (c)	62	0,22	5,00

Zunächst steht jedoch die Betrachtung der optischen Eigenschaften der Komposite im Vordergrund. Bereits mit bloßem Auge ist eine erste Qualitätskontrolle möglich

Kapitel 5 Ergebnisse und Diskussion

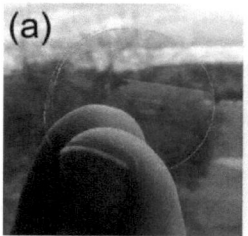 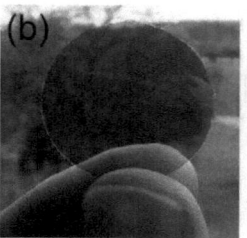 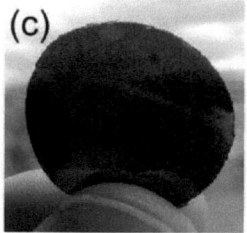

Abbildung 5.24: *Beispiele für CNT-Polysulfon-Komposite. Je nach Qualität der Dispergierung ergeben sich mehr oder weniger transparente Membranen, die eine elektrische Leitfähigkeit von bis zu 1 S/m (b) aufweisen.*

(Abb 5.24). Ziel bei der Herstellung von CNT-Polymer-Kompositen ist die Vereinzelung und homogene Verteilung des Füllmaterials, hier also der Carbon Nanotubes. In Bild 5.24 sind deutliche Unterschiede zwischen den einzelnen Proben erkennbar. In der linken Probe (a) ist keinerlei Füllmaterial zu erkennen. Dies spricht für eine schlechte Vereinzelung der CNT-Agglomerate und ein Absetzen derselben im Zentrifugationsschritt. Der Überstand der CNT-NEP Lösung enthält kaum CNTs, somit ergibt sich eine nahezu reine PSU-Folie. Im Bild rechts (c) ist eine deutliche Schwarzfärbung erkennbar. Man sieht jedoch noch einzelne CNT-Agglomerate und deutlich sind dunklere und hellere Bereiche auszumachen. Eine homogene Verteilung ist auch in dieser Probe nicht erreicht. In diesem Fall wurden CNT-Agglomerate zwar mittels Ultraschall aufgebrochen und soweit zerkleinert, dass auch nach der Zentrifugation noch genügend Füllstoff im Überstand vorhanden ist, um eine Einfärbung des Polysulfons zu verursachen. Eine Vereinzelung der CNTs ist jedoch auch hier nicht geschehen, deutlich sind Inseln von mehr CNTs und helle Bereiche mit wenigen CNTs erkennbar.

Die Probe im mittleren Bild (b) zeigt eine optimale Vereinzelung und homogene Verteilung der CNTs in der Polymermatrix. Trotz der noch vorhandenen Transparenz (es ist noch Hintergrund durch die Folie erkennbar) zeigt diese Probe die höchste elektrische Leitfähigkeit (siehe nächster Abschnitt). Mit bloßem Auge sind in diesem Fall keinerlei Agglomerate oder Partikel erkennbar. Diese Verteilung wurde durch die in Kapitel 5.1 gewonnenen Erkenntnisse erreicht, indem Parameter wie Viskosität, Ultraschalleintrag und Zentrifugation optimiert wurden.

Um die optischen Eigenschaften auch quantitativ zu erfassen, wurden UV-VIS Spek-

5.3 CNT-Polymer-Komposite

tren der hergestellten Folien aufgenommen. Die Ergebnisse zeigt Abb 5.25. Die schwarze Linie (oben) zeigt den Verlauf einer reinen Polysulfon-Folie ohne Füllstoff. Die anderen Spektren stammen von Kompositen, bei denen die CNTs in unterschiedlich viskose Polymerlösungen gegeben wurden. Sie entsprechen den Proben (a), (b), und (c) aus Abbildung 5.16. Dispergierung in hochviskosem Medium (Teilbild 5.16 (c)) führt zu einer inhomogenen Verteilung großer CNT-Agglomerate. Da diese Agglomeratgröße noch wesentlich über der eingestrahlten Wellenlänge liegt, tragen sie nur bedingt zur Streuung bei. Daher ist eine Absenkung der Transmission um nur ca. 20 % von 80 % (reines PSU) auf 60 % zu beobachten.

Im Teilbild (a) wurden CNTs in einer niederviskosen Lösung dispergiert. Dies führt zu einem ausreichenden Ultraschalleintrag und einem Aufbrechen der CNT-Agglomerate. Der Schritt der Zentrifugation wurde jedoch nicht durchgeführt, so dass sich im Komposit noch immer eine große Menge nicht-aufgebrochener Agglomerate befindet. Diese Menge ist so groß, dass eine Transmission nahezu vollständig verhindert wird. Im UV-VIS-Spektrum wird dies an einem Abfall der Transmission auf weniger als 10 % deutlich. Der Füllgrad betrug bei beiden Proben 5 Gew.-% bezogen auf das Polymer. Probe (b) zeigt eine homogene Verteilung vereinzelter Nanotubes. Dies gelingt durch eine niederviskose Lösung, die einen ausreichenden Ultraschalleintrag gewährleistet sowie eine Zentrifugation, die restliche Agglomerate und amorphen Kohlenstoff aus dem Überstand entfernt. Hier sind mit bloßem Auge keinerlei Partikel erkennbar, auch eine sehr hohe Transmission ist mit bloßem Auge zu detektieren. Tatsächlich zeigt das UV-VIS-Spektrum jedoch auch in diesem Fall eine Abschwächung der Transmission auf ca. 50 %. Der Feststoffanteil, d.h. die Gewichtskonzentration an Carbon Nanotubes, liegt in diesem Fall bei ca. 1 %.

Zusammenfassend lässt sich hieraus folgern, dass auch bei einer optimalen Vereinzelung und homogenen Verteilung von CNTs ein Füllgrad von 1 Gew.-% ausreicht, um ein Absenken der Transmission von 80 % auf 50 % zu bewirken. Eine verlängerte Ultraschallbehandlungsdauer würde keine Erhöhung der CNT-Konzentration bewirken, wie in Kapitel 5.1.2 gezeigt wurde. Auch eine erhöhte Zugabe an CNTs würde nach den Ergebnissen aus Kapitel 5.1.2 keine Erhöhung des CNT-Füllgrades bewirken.

Die Herstellung von hochtransparenten, leitfähigen Polymeren durch Zugabe von Carbon Nanotubes ist also mit den hier gezeigten Materialien und Verfahren kaum oder nur sehr schwierig realisierbar.

Kapitel 5 Ergebnisse und Diskussion

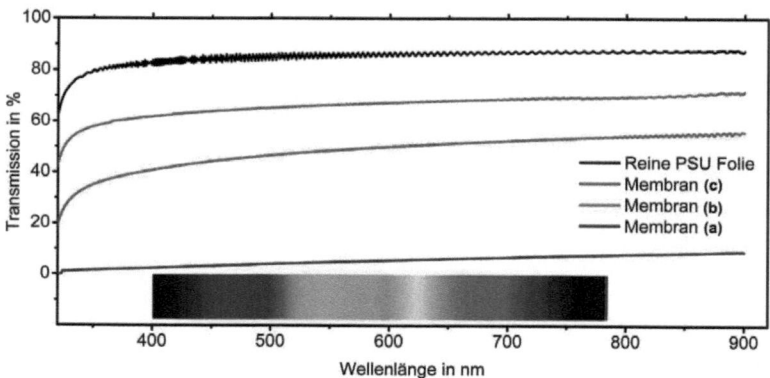

Abbildung 5.25: *UV-VIS Spektren unterschiedlicher CNT-Polysulfon-Komposite Membranen. Durch die starke Absorption von Carbon Nanotubes sind keinerlei Peaks erkennbar. Eine erhöhte CNT-Konzentration hat ein Absenken der Transmission über den gesamten Wellenlängenbereich zur Folge.*

5.3.2 Elektrische Leitfähigkeit

Eine Auswirkung der Zugabe von Carbon Nanotubes als Füllstoff in Polymer-Kompositen ist die Veränderung der elektrischen Leitfähigkeit. Gewöhnlich weisen Polymere keine elektrische Leitfähigkeit auf, sondern sind als Isolatoren zu bezeichnen. Erreicht die CNT-Konzentration die sogenannte Perkolationsschwelle (siehe Kapitel 2.3), ist eine elektrische Leitfähigkeit messbar. Darüber hinaus steigt die Leitfähigkeit bei sonst gleichen Parametern mit der Konzentration an.

Abbildung 5.26 zeigt Leitfähigkeitswerte verschiedener CNT-PSU-Komposite bei Füllgraden von ca. 0,45 Gew.-% sowie 1 Gew.-%. Bei geringen Füllgraden ist keine oder nur eine sehr niedrige elektrische Leitfähigkeit messbar. Bei Füllgraden von 1 Gew.-% wurde unter bestimmten Vorraussetzungen eine Leitfähigkeit von 0,92 S/m erreicht. Wie aus der Abbildung zu erkennen ist, wurde diese Leitfähigkeit in Polymer-Kompositen erreicht, bei denen die Ultraschallbehandlungsdauer der CNTs in NEP 30 Minuten betrug. Eine längere Ultraschalldispergierung führte nicht, wie naheliegend, zu einer Erhöhung der elektrischen Leitfähigkeit, sondern zu einer Absenkung

5.3 CNT-Polymer-Komposite

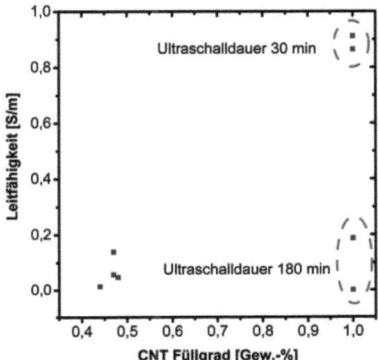

Abbildung 5.26: *Elektrische Leitfähigkeit von symmetrischen PSU-Membranen mit unterschiedlichem CNT-Gehalt. Eine extrem hohe Leitfähigkeit von nahezu 1 S/m wird bei optimierter Dispergierung bereits bei einem Füllgrad von 1 Gew.-% erreicht.*

auf höchstens 0,2 S/m.

Dieser Abfall der elektrischen Leitfähigkeit lässt sich mit der in der Literatur vertretenen Meinung erklären, dass zu lange Ultraschallbehandlung nicht nur ein Aufbrechen der CNT-Agglomerate bewirkt, sondern auch eine Verkürzung der bereits vereinzelten Nanotubes [Voh09] [Krü07]. Dieses Verkürzen führt zu einer vermehrten Anzahl an CNT-CNT-Übergängen pro Längeneinheit im Polymer-Komposit, was einen erhöhten elektrischen Widerstand zur Folge hat.

5.3.3 Membraneigenschaften

Die hergestellten CNT-Polysulfon-Komposite wurden auf ihre Membraneigenschaften hin charakterisiert. Mittels Porometrie wurde zunächst die Porenradiusverteilung bei unterschiedlichen Füllgraden an Nanotubes und unterschiedlichen Dispergierparametern bestimmt. Die Ergebnisse zeigt Abbildung 5.27. Als Referenz wurde eine PSU Membran ohne Carbon Nanotubes als Füllstoff gerakelt. Zur Porometrie wurden alle Proben zunächst mit einer speziellen Flüssigkeit (Porofil) benetzt, anschließend wurde der Stickstoffdruck auf der Membranoberseite konstant erhöht. Bei einem bestimmten

Kapitel 5 Ergebnisse und Diskussion

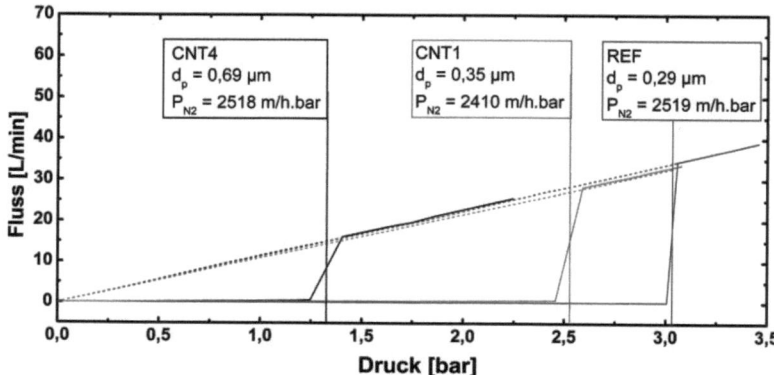

Abbildung 5.27: *Porometriemessungen an unterschiedlichen asymmetrischen Polyethersulfonmembranen. Eine Zugabe an CNTs hat eine Vergrößerung des mittleren Porendurchmessers von 0,29 µm (Referenz) auf bis zu 0,69 µm zur Folge. (Verwendetes Material: Baytubes P150)*

Druck wird zunächst die größte Pore freigeblasen (bubble point), anschließend wird die Flüssigkeit auch aus kleineren Poren verdrängt. Ist die Membran trocken, d.h. alle Poren frei, so steigt der Stickstofffluss wieder linear mit dem Druck an. Eine anschließende Messung an der trockenen Membran sollte auf der gleichen Kurve enden.

Die Messungen an der PSU-Referenz (blaue Kurve) ergeben einen mittleren Porendurchmesser von 0,29 µm bei einem Stickstofffluss von $P_{N2} = 2{,}519 \cdot 10^6$ Lm^{-2}h^{-1}bar^{-1}. Die Membran mit der Bezeichnung CNT1 wurde mit CNTs der Firma Bayer modifiziert und besitzt einen CNT-Füllgrad von 0,5 Gew.-%. Es ergibt sich ein vergrößerter mittlerer Porendurchmesser von 0,35 µm bei einer Flussrate von $P_{N2} = 2{,}410 \cdot 10^6$ Lm^{-2}h^{-1}bar^{-1}. Membran „CNT4" wurde ebenfalls mit Baytubes befüllt. Hier liegt der mittlere Porendurchmesser bei 0,69 µm, der Stickstofffluss beträgt $P_{N2} = 2{,}518 \cdot 10^6$ Lm^{-2}h^{-1}bar^{-1}.

Durch die Zugabe von CNTs kann also die Porosität von Polymermembranen beeinflusst werden. Ob eine systematische Abhängigkeit von Füllgrad und Porenradius besteht, wurde im Weiteren untersucht. Abbildung 5.28 zeigt im linken Teilbild den Porendurchmesser (kleinste Pore, größte Pore und mittlere Pore) gegenüber dem CNT-Füllgrad. Die Proben entsprechen den Membranen aus Abbildung 5.26 mit Füllgraden von ca. 0,5 Gew.-% sowie 1 Gew.-%. Es ist jedoch aus den Messdaten kein Zusammen-

5.3 CNT-Polymer-Komposite

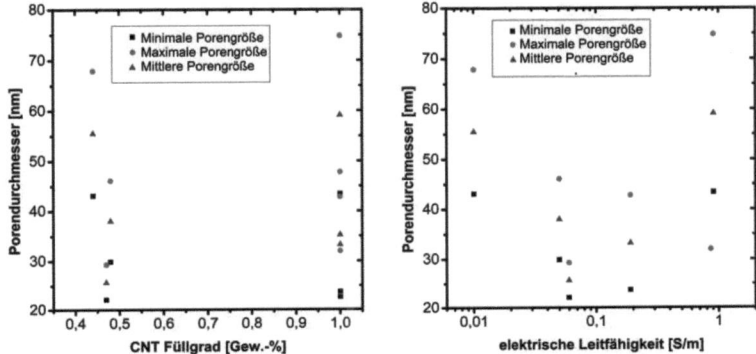

Abbildung 5.28: *Porendurchmesser unterschiedlicher symmetrischer Polysulfonmembranen in Abhängigkeit des CNT-Füllgrades (linkes Teilbild) bzw. der elektrischen Leitfähigkeit (rechtes Teilbild). In beiden Graphen ist keine eindeutige Korrelation der Messwerte zu erkennen. (Verwendetes Material: Baytubes P150)*

hang im untersuchten Bereich zwischen Füllgrad und Porendurchmesser erkennbar. Im rechten Teilbild ist der Porendurchmesser gegenüber der elektrischen Leitfähigkeit aufgetragen. Auch hier ist aus den Messdaten keine Abhängigkeit ersichtlich.

Insgesamt liegen die Porendurchmesser weit unterhalb der Porendurchmesser der Proben, die in Abbildung 5.27 gezeigt wurden. Dies liegt daran, dass die hier untersuchten Membranen durch Vakuumtrocknung, also Verdampfen des Lösemittels, hergestellt wurden und sich dadurch dichtere symmetrische Strukturen ergeben. Die Membranen aus Abbildung 5.27 wurden durch Phaseninversion hergestellt, was zu einer poröseren asymmetrischen Struktur führt.

Im Rahmen dieser Arbeit wurden außerdem Membranen aus Polyethersulfon hergestellt, die ebenfalls Carbon Nanotubes als Füllstoff enthielten. Neben diesen beiden Stoffen enthielt die Precursorlösung noch Polyethylenglykol 600, hochmolekulares Polyvinylpyrrolidon sowie NEP als Lösemittel. Die Membranen wurden ebenfalls mittels Phaseninversion hergestellt. Anschließend wurde der Wasserfluss sowie der Fluss einer Dextranlösung bei Druckdifferenzen von 0,3 und 0,7 bar gemessen. Die Messwerte wurden mit der Referenzmembran des Projektpartners verglichen und sind in Abbil-

Kapitel 5 Ergebnisse und Diskussion

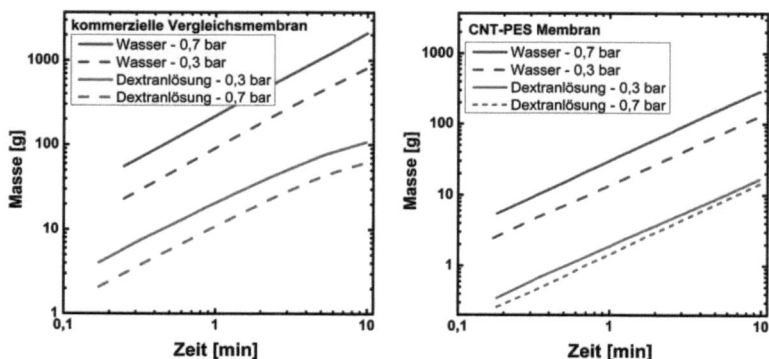

Abbildung 5.29: *Zeitlicher Verlauf von Wasserfluss und Fluss einer Dextranlösung bei Drücken von 0,3 bar und 0,7 bar. Kommerzielle Membran (links) im Vergleich zur entwickelten CNT-PES-Komposit-Membran (rechts).*

dung 5.29 dargestellt.

Im linken Bild sind die Ergebnisse der Referenzmembran zu sehen. Bei der Wasserflussmessung (blaue Kurven) ist sowohl bei einer Druckdifferenz von 0,3 bar (gestrichelte Linie) also auch bei 0,7 bar (durchgezogene Linie) ein linearer Anstieg der filtrierten Masse mit der Zeit zu erkennen. Bei den Kurven der Filtration einer Dextranlösung ist ab einer Filtrationsdauer von ca. drei Minuten ein ganz leichtes Einknicken des Anstiegs zu erkennen. Dies ist durch den für Filtrationsmembranen typischen „Fouling-Effekt" zu erklären, also das Zusetzen der Membranporen mit Feststoffpartikeln des zu filtrierenden Mediums.

Die hergestellten CNT-Polyethersulfon-Komposit-Membranen zeigen im hier durchgeführten Versuch ein weitaus geringeres Fouling-Verhalten. Insgesamt liegen die gemessenenen Flussraten jedoch etwas unterhalb derer der Referenzmembran. Dies ist durch einen geringeren Porenradius der CNT-PSU Membran zu erklären.

Dieselben Membranen wurden anschließend auf ihr Seperationsverhalten hin untersucht. Hierzu wurde der sogenannte „cut-off" bestimmt, d.h. der Durchmesser der kleinsten Teilchen, welche die Membran nicht passieren konnten. Man erhält als Messkurve die MWCO (engl. *molecular weight cut off*) d.h. die relative Konzentration von

5.3 CNT-Polymer-Komposite

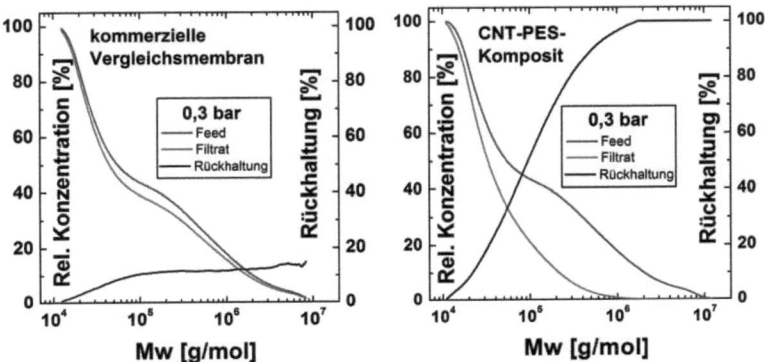

Abbildung 5.30: *MWCO Messungen an der Referenzmembran (links) sowie an der erfolgversprechendsten CNT-PES-Membran (rechts). Für die Polymer-Komposit-Membran ergibt sich ein nahezu idealer Kurvenverlauf, der ab einer Molmasse von 10^6 g/mol einen Rückhalt von 100 % erreicht.*

globulären Molekülen im Feed sowie im Filtrat, in Abhängigkeit der unterschiedlichen Molmasse. Aus der Differenz lässt sich der Rückhalt berechnen. Die Konzentrationen der unterschiedlichen Moleküle wurden mittels Gel-Permeations-Chromatographie bestimmt. Die MWCO-Messungen der Referenzmembran sowie der besten CNT-PSU-Membran zeigt Abbildung 5.30.

Bei einer angelegten Druckdifferenz von 0,3 bar zeigt sich, dass im Fall der Referenzmembran (linkes Teilbild) der Rückhalt auch bei hohen Molmassen von 10^7 g/mol den Wert von 20 % nicht erreicht. Für die CNT beladene PSU Membran ergibt sich ein nahezu idealer Kurvenverlauf, bei dem der Rückhalt kontinuierlich ansteigt und bei einer Molmasse von etwas mehr als 10^6 g/mol 100 % erreicht. Hier ist die Konzentration im Filtrat auf 0 % abgesunken, d.h. die Membran lässt größere Moleküle nicht passieren.

Einen Vergleich mit weiteren hergestellten CNT-PSU-Membranen bei Filtrationsdrücken von 0,3 bar und 0,7 bar zeigt Abbildung 5.31. Im Vergleich zur Referenzmembran zeigen nahezu alle hergestellten Membranen besseres Seperationsverhalten. Ein idealer Kurvenverlauf ist jedoch nur bei der Membran CNT1 zu beobachten. Dieser Kurvenverlauf fällt bei höheren Filtrationsdrücken etwas ein (rechtes Teilbild). Hier

Kapitel 5 Ergebnisse und Diskussion

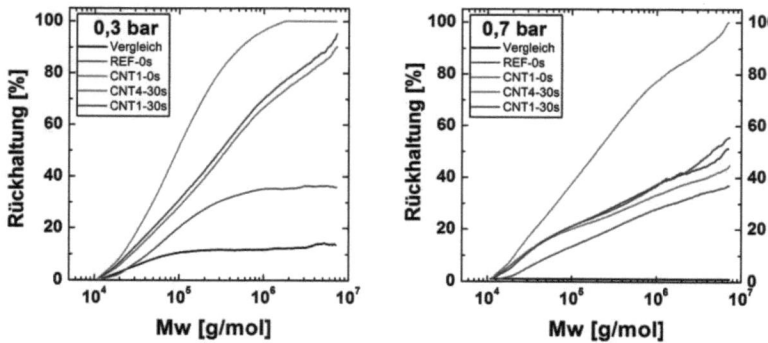

Abbildung 5.31: *Seperationsverhalten unterschiedlicher CNT-PSU-Komposit-Membranen bei Drücken von 0,3 bar und 0,7 bar. Die MWCO-Messungen wurden mittels GPC ermittelt.*

wird der Wert von 100 % Rückhalt erst bei Molmassen von 10^7 g/mol erreicht. Eine Optimierung der CNT-Dispergierung in der Precursorlösung war notwendig, um eine homogene Verteilung der Nanotubes im Polymer zu erreichen und das erzielte Seperationsverhalten zu erzielen.

Es wurde gezeigt, dass der Einsatz von Carbon Nanotubes in Polymer-Kompositen zur Anwendung als Filtrationsmembranen grundsätzlich möglich ist. Durch Optimierung der Herstellungsparameter, insbesondere der optimierten Dispergierung von Carbon Nanotubes im Lösemittel, konnte eine Vereinzelung und eine homogene Verteilung der Nanotubes im Endprodukt sichergestellt werden. Die hergestellten Membranen zeigen vielversprechende erste Ergebnisse, zum Beispiel in ihren Separationseigenschaften. Ein eindeutiger Zusammenhang zwischen Füllgrad und sich dadurch ändernde Membraneigenschaften wie elektrische Leitfähigkeit oder mittlerer Porendurchmesser, konnte jedoch nicht experimentell bestätigt werden.

Kapitel 6

Zusammenfassung und Ausblick

In der vorliegenden Arbeit wurde die Dispergierbarkeit von Carbon Nanotubes systematisch untersucht und optimiert. Anwendungsmöglichkeiten wässriger CNT-Dispersionen als Bucky Paper-Membranen sowie CNT-Dispersionen in organischen Lösemitteln als Polymer-Komposit-Membranen wurden bewertet. Die wichtigsten Ergebnisse werden im Folgenden kurz dargestellt. Anschließend werden zeigt ein Ausblick Möglichkeiten künftig anschließender Forschungsarbeiten.

6.1 Zusammenfassung

Als erster Schritt dieser Arbeit wurde der Einfluss **unterschiedlicher Dispergierverfahren** auf die Qualität der Dispergierung von CNTs untersucht. Dabei kamen Hochdruckdispergierer, Ultraschall-Sonotrode, Kugelmühlen sowie Ultra-Turrax zum Einsatz. Dabei konnte gezeigt werden, dass für das Aufbrechen von CNT-Agglomeraten sowie für die homogene Verteilung der isolierten Nanotubes in unterschiedlichen Flüssigkeiten extrem große Scherkräfte notwendig sind. Diese Kräfte können nur mittels Ultraschalldispergierung erreicht werden.

Die genauere Betrachtung der Ultraschallbehandlung hat gezeigt, dass die meisten CNT-Dispersionen bei Charakterisierung mittels UV-VIS Spektroskopie einen linearen Anstieg der Extinktion sowie einen konstanten Wert nach einer „optimalen", jedoch

Kapitel 6 Zusammenfassung und Ausblick

für jedes Material verschiedenen Behandlungsdauer zeigen. Bei Variation der CNT-Einwaage erhält man einen direkt proportionalen Zusammenhang zur Konzentration der CNT-Dispersionen, wie er bei niedrigen Konzentrationen auch zu erwarten ist.

Der Vergleich unterschiedlicher Lösemittel wie DMF, Ethanol, ionischer Flüssigkeiten und weiterer Lösemittel zeigt, dass neben NEP und NMP auch Pyrrolidon und Pyridin gute CNT-Dispersionen ergeben. Gemeinsam ist diesen Lösemitteln ein Ring aus vier Kohlenstoffatomen und einem Stickstoffatom (NEP, NMP, Pyrrolidon) bzw. ein Benzolring, bei dem ein Kohlenstoff- durch ein Stickstoffatom ersetzt ist (Pyridin). Die in der Literatur postulierte Theorie, dass sich CNTs besser dispergieren ließen, je ähnlicher sich die **Oberflächenenergie** von CNT und Lösemittel sind, konnte in dieser Arbeit erstmals experimentell bestätigt werden. Durch Plasmamodifizierung wurde die Oberflächenenergie von Nanotubes verändert und an entsprechende Lösemittel angepasst. Das Ergebnis kann in Zukunft dazu genutzt werden, um bei Prozessen, bei denen eine Variation des Lösemittels unmöglich ist, eine Optimierung der Dispersion durch eine Oberflächenmodifizierung des CNT-Rohmaterials über Plasmaverfahren zu erreichen.

Die Ergebnisse der Untersuchung der **Viskosität** lassen zwei Schlussfolgerungen zu: Zum einen ist eine niedrige Viskosität des Lösemittels notwendig, um ein Aufbrechen der Agglomerate und dadurch eine Vereinzelung der Nanotubes überhaupt zu ermöglichen. Zum anderen ist der Schritt der Zentrifugation in allen Fällen notwendig. Nur so gelingt es, eine feine Verteilung der vereinzelten CNTs in der Dispersion bzw. dem Polymer-Komposites sicherzustellen.

Aus optimierten CNT-Dispersionen in wässriger Lösung wurden anschließend Bucky Paper hergestellt. Diese wurden durch unterschiedliche Nachbehandlung als **Membranen** eingesetzt und bewertet. Hierzu wurden drei Ansätze verfolgt: Schaltbare Membranen, Adsorptionsmembranen und heizbare Membranen.

Während im Fall der Adsorptionsmembranen sowie der heizbaren Membranen die grundsätzliche Machbarkeit gezeigt werden konnte, muss der Einsatz von CNT-Sheets als Materialien für schaltbare Membranen als nicht realisierbar angesehen werden. In keiner Messung konnte ein Einfluss eines elektrischen Feldes auf die Filtrationseigenschaften nachgewiesen werden.

Die Charakterisierung der Polymermembran-Eigenschaften hat gezeigt, dass der Einsatz von Carbon Nanotubes in Polymer-Kompositen zur Anwendung als Filtrationsmembranen grundsätzlich möglich ist. Die hergestellten Membranen zeigen vielversprechende erste Ergebnisse, beispielsweise in ihren Separationseigenschaften. Ein eindeutiger Zusammenhang zwischen Füllgrad und Membraneigenschaften wie elektrischer Leitfähigkeit oder mittlerem Porendurchmesser, konnte jedoch noch nicht experimentell bestätigt werden. Hier sind weitere Messreihen notwendig, um den Einfluss von Carbon Nanotubes als Membranfüllstoff auf die physikalischen Eigenschaften von Polymermembranen systematisch zu untersuchen.

Die Herstellung von **CNT-Polymer-Kompositen** erfolgte auf der Grundlage von CNT-Dispersionen aus organischen Lösemitteln. Optische Messungen zeigten, dass auch bei einer optimalen Vereinzelung und homogenen Verteilung von CNTs ein Füllgrad von 1 Gew.-% ausreicht, um ein Absenken der Transmission von 80 % auf 50 % zu bewirken. Durch geeignete Wahl der Dispergierparameter konnte eine elektrische Leitfähigkeit von bis zu 1 S/m erreicht werden. Die Herstellung von leitfähigen Polymer-Komposites mit geringem Füllstoffanteil ist also durch die Zugabe von Carbon Nanotubes möglich. Hierzu ist eine Vereinzelung sowie eine homogene Verteilung der CNTs essenziell.

6.2 Ausblick

Die vorgestellten Ergebnisse zeigen, dass sich Dispersionen aus Carbon Nanotubes durch gezielte Wahl der Parameter optimieren lassen. Um jedoch die Eigenschaften des Endproduktes gezielt steuern zu können, ist ein noch tieferes physikalisches und chemisches Verständnis der Vorgänge bei der Dispergierung notwendig. Es müssen also in Zukunft Analysemethoden entwickelt werden, die es erlauben, Aussagen darüber zu treffen, welche Effekte auf molekularer Ebene bei der Dispergierung eine Rolle spielen. Analytik der Nanoebene stellt grundsätzlich eine große Herausforderung dar und wird im Fall von CNTs noch durch drei weitere Aspekte erschwert. Erstens: Das hohe **Aspektverhältnis** von CNTs macht Standardmethoden wie Photonenkorrelationsspektroskopie nicht anwendbar, da diese meist auf Modellen von sphärischen Partikeln beruhen. Zweitens: Da es sich bei der Ultraschalldispergierung um einen **dynamischen Prozess** handelt, sind *in-situ*-Messungen notwendig, um detaillierte Informationen zu erhalten. Drittens: Der hohe Grad der **Inhomogenitäten** zwischen verschiedenen CNT-Materialien sind derzeit noch zu groß, um allgemeingültige Aussagen und

Kapitel 6 Zusammenfassung und Ausblick

Vorgehensweisen zu erstellen. Gerade der Schritt der Zentrifugation lässt eine Konzentrationsangabe von CNT-Dispersionen direkt über die Einwaagemenge nicht zu. Zur Charakterisierung des Überstandes ist also eine Analytik notwendig, die absolut, also ohne Referenzprobe, einsetzbar ist.

Es gilt in Zukunft sowohl die Analysemethoden zu optimieren als auch Carbon Nanotubes in verbesserter Qualität, d.h. mit immer gleichen Eigenschaften herzustellen. Ein sicherlich sinnvoller, ergänzender Forschungsaspekt ist die **Simulation der Dispergiervorgänge**. Durch immer größere Rechenleistungen sollte es möglich sein, auch komplexe Prozesse wie das Aufbrechen von CNT Agglomeraten unter der Einwirkung von Ultraschall in Zukunft durch geeignete Modelle berechnen zu lassen. Durch solche Simulationen ließen sich vielleicht Rückschlüsse ziehen, welche Effekte bei der Stabilisierung von Dispersionen eine Rolle spielen, und diese Informationen könnten in der Praxis angewandt werden. Gerade bei wässrigen Tensidlösungen erscheint eine computergestützte Modellierung sinnvoll, um z.B. die räumliche Orientierung und Anlagerungsgeschwindigkeit von Tensidmolekülen an CNTs zu berechnen. Eine Korrelation solcher Modellierungen mit den hier gezeigten Ergebnissen (siehe Kapitel 5.1.2) wäre sicherlich interessant und für künftige CNT-Forschung hilfreich.

Im Bereich der CNT-Polymer-Komposite ist es in Zukunft erforderlich, den Einfluss von CNTs auf die Eigenschaften des Polymers zu bewerten. Dies muss wesentlich kritischer geschehen als es in der Vergangenheit getan wurde. Der in der Einleitung angesprochene CNT-Hype hat dazu geführt, dass CNTs als das Material der Zukunft angesehen wurden. Systematische Forschung und Referenzmessungen sind leider teilweise in den Hintergrund getreten. Gerade bei mechanischen und elektrischen Eigenschaften von Polymer-Kompositen ist die Angabe von Referenzen, d.h. Eigenschaften des reinen Polymers aber auch eines mit einem Referenzmaterial (Carbon Black) gefüllten Polymers zwingend notwendig.

Inwieweit CNTs als Füllstoff in Polymermembranen eingesetzt werden können, lässt sich aus den hier vorgestellten Ergebnissen noch nicht voraussagen. Gerade im Bereich der Separation sind weitere Messungen notwendig, um einen eindeutigen Zusammenhang zwischen Füllgrad, Dispergierparametern und Membraneigenschaften (cut-off, Flux, etc.) zu erhalten. Es ist zu überlegen, ob es auch im Fall von Komposit-Membranen sinnvoll ist, ergänzend computergestützte Simulationen durchzuführen, wie es im Bereich der aligned-CNT-Membranen bereits geschehen ist (siehe Kap. 3.3.2).

6.2 Ausblick

Carbon Nanotube-Anwendungen in der Zukunft

Die herausragenden physikalischen Eigenschaften isolierter Carbon Nanotubes sind weiterhin unbestritten. Das volle Potenzial der CNTs für industrielle Anwendungen ist bisher erst in Ansätzen bekannt. Basierend auf CNTs sind jedoch bis heute erst eine recht geringe Zahl von Anwendungen realisiert [HK09]. Hauptanwendungsgebiet ist sicherlich der Einsatz als Füllstoff in Polymeren, sowohl als Additive zur Verstärkung von mechanischen sowie elektrischen Eigenschaften als auch zur Erhöhung der Wärmeleitfähigkeit. Hierfür ist - wie in dieser Arbeit umfassend dargestellt - eine homogene Verteilung vereinzelter Nanotubes eine essenzielle Grundvoraussetzung.

Zukünftige Anwendungen von CNTs werden in Bereichen wie Stromerzeugung (belastbare leichte Flügel für größere Windkraftanlagen), leitfähige Tinten (leistungsfähige Solaranlagen) oder Energiespeicherung (Lithium-Ionen-Batterien) zu finden sein. Hierbei muss in Zukunft jedoch auch das in den letzten Jahen immer stärker im Fokus der Wissenschaft stehende Graphen als Alternative untersucht werden.

Gemeinsam wird die deutsche Industrie zum Aufbau einer CNT-Gemeinschaft in den kommenden 10 Jahren voraussichtlich rund 240 Millionen Euro investieren [HK09] und damit bereits laufende Verbundprojekte wie die Innovationsallianz CNT (*Inno.CNT*) fortführen. Eine breit angelegte Forschungsinnovative besonders im Bereich der angewandten Forschung ist auch notwendig, um aus den Vorteilen und Möglichkeiten, die Carbon Nanotubes zweifelsfrei bieten, innovative Produkte zu entwickeln. Der Übergang von wissenschaftlicher Grundlagenforschung zur industriellen Anwendung ist die Herausforderung der Forschung der nächsten Jahre im Bereich Carbon Nanotubes. Die kontrollierte und optimierte Herstellung von CNT-Dispersionen ist hierbei ein kleiner, jedoch entscheidender Schritt auf dem Weg zu neuen Anwendungen und zur Herstellung von innovativen Produkten, die das Potenzial von Carbon Nanotubes voll ausnutzen.

Teil III
Anhang

weitere Messergebnisse

Parameter Bucky Paper Herstellung, Teil 1

Probe	CNT- Material	CNT - Menge [mg]	SDS- Menge [ml]	Ultraschall (Leistung/ Impulse)	Sonotrode Bandelin(B), Hielschler(H)
IGB-BPM-181007-001 IGB-BPM-001	Baytubes P150	120,0	120,0	60/80	7mmB/ 7mmH
IGB-BPM-191007-002 IGB-BPM-002	Baytubes P150	160,0	160,0	60/80	7mmB/ 7mmH
IGB-BPM-191007-003 IGB-BPM-003	Baytubes P150	120,0	120,0	60/80	7mmB/ 7mmH
IGB-BPM-231007-004 IGB-BPM-004	Baytubes P150	120,0	240,0	60/80	7mmB/ 7mmH
IGB-BPM-231007-005 IGB-BPM-005	Nanocyl Batch A, 040322	120,0	240,0	60/80	7mmB/ 7mmH
IGB-BPM-071025-006 IGB-BPM-006	Nanocyl Batch A, 040322	140,0	240,0	60/80	7mmB/ 7mmH
IGB-BPM-071029-007 IGB-BPM-007	Nanocyl Batch A, 040322	160,0	240,0	60/80	7mmB/ 7mmH
IGB-BPM-071029-008 IGB-BPM-008	Nanocyl Batch A, 040322	120,0	200,0	60/80	7mmB/ 7mmH
IGB-BPM-071029-009 IGB-BPM-009	Nanocyl Batch A, 040322	120,0	160,0	60/80	7mmB/ 7mmH
IGB-BPM-071029-010 IGB-BPM-010	Nanocyl Batch A, 040322	120,0	280,0	60/80	7mmB/ 7mmH
IGB-BPM-071030-011 IGB-BPM-011	Nanocyl Batch A, 040322	140,0	120,0	60/80	7mmB
IGB-BPM-071030-012 IGB-BPM-012	Nanocyl Batch A, 040322	140,0	120,0	60/80	7mmH
IGB-BPM-071030-013 IGB-BPM-013	Baytubes P150	160,0	200,0	60/80	7mmB/ 7mmH
IGB-BPM-071030-014 IGB-BPM-014	Baytubes P150	180,0	200,0	60/80	7mmB/ 7mmH
IGB-BPM-071030-015 IGB-BPM-015	Baytubes P150	140,0	200,0	60/80	7mmB/ 7mmH
IGB-BPM-071030-016 IGB-BPM-016	Baytubes P150	160,0	200,0	60/80	7mmB/ 7mmH
IGB-BPM-071030-017 IGB-BPM-017	Baytubes P150	180,0	200,0	60/80	7mmB/ 7mmH
IGB-BPM-071030-018 IGB-BPM-018	Baytubes P150	140,0	200,0	60/80	7mmB/ 7mmH

Messergebnisse

IGB-BPM-071106-019 IGB-BPM-019	Baytubes P150	160,0	140,0	60/80	7mmB/ 7mmH
IGB-BPM-071107-020 IGB-BPM-020	Baytubes P150	180,0	140,0	60/80	7mmB/ 7mmH
IGB-BPM-071107-021 IGB-BPM-021	Baytubes P150	140,0	140,0	60/80	7mmB/ 7mmH
IGB-BPM-071107-022 IGB-BPM-022	Baytubes P150	160,0	140,0	60/80	7mmB/ 7mmH
IGB-BPM-071107-023 IGB-BPM-023	Baytubes P150	180,0	140,0	60/80	7mmB/ 7mmH
IGB-BPM-071108-024 IGB-BPM-024	Baytubes P150	140,0	140,0	60/80	7mmB/ 7mmH
IGB-BPM-071120-029 IGB-BPM-025	Baytubes P150	50,0	25 ml NMP	60/80	7mmB
IGB-BPM-071122-030 IGB-BPM-026	Baytubes P150	60,0	60,0	60/80	7mmB
IGB-BPM-071130-031 IGB-BPM-027	Baytubes P150 plasmabehandelt nr.172	140,0	200,0	60/80	7mmB/ 7mmH
IGB-BPM-071130-032 IGB-BPM-028	Baytubes P150 plasmabehandelt nr.172	140,0	200,0	60/80	7mmH
IGB-BPM-071203-033 IGB-BPM-029	Baytubes P150	140,0	200,0	60/80	7mmH
IGB-BPM-071204-034 IGB-BPM-030	Baytubes P150	140,0	200,0	60/80	7mmH/ 7mmH
IGB-BPM-071204-035 IGB-BPM-031	Baytubes P150	140,0	100,0	60/80	7mmB
IGB-BPM-071204-036 IGB-BPM-032	Baytubes P150	60,0	60ml NMP	60/80	7mmH
IGB-BPM-071206-037 IGB-BPM-033	Baytubes P150	150,0	150,0	60/80	7mmH
IGB-BPM-080128-038 IGB-BPM-034	Baytubes P150	150,0	150,0	60/80	7mmH
IGB-BPM-080130-039 IGB-BPM-035	Baytubes P150	150,0	150,0	60/80	7mmH
IGB-BPM-080130-040 IGB-BPM-036	Baytubes P150	150,0	150,0	60/80	7mmH
IGB-BPM-080131-041 IGB-BPM-037	Baytubes P150	150,0	150,0	60/80	7mmH
IGB-BPM-080131-042 IGB-BPM-038	Baytubes P150	150,0	150,0	60/80	7mmH

weitere Messergebnisse

IGB-BPM-080201-043 IGB-BPM-039	Baytubes P150	150,0	150,0	60/80	7mmH
IGB-BPM-080201-044 IGB-BPM-040	Baytubes P150	150,0	150,0	60/80	7mmH
IGB-BPM-080206-045 IGB-BPM-041	Baytubes P150	150,0	150,0	60/80	7mmH
IGB-BPM-080206-046 IGB-BPM-042	Baytubes P150	150,0	150,0	60/80	7mmH
IGB-BPM-080206-047 IGB-BPM-043	Baytubes P150	150,0	150,0	60/80	7mmH
IGB-BPM-080207-048 IGB-BPM-044	FC 070020-LA-MW0002	150,0	150,0	60/80	7mmH
IGB-BPM-080208-049 IGB-BPM-045	Baytubes P150	600,0	300,0	60/80	7mmB/ 7mmH
IGB-BPM-080208-050 IGB-BPM-046	Baytubes P150	600,0	600,0	60/80	7mmB/ 7mmH
IGB-BPM-080213-051 IGB-BPM-047	Baytubes P150	600,0	600,0	60/80	7mmB/ 7mmH
IGB-BPM-080216-052 IGB-BPM-048	Baytubes P150	600,0	600,0	60/80	7mmB/ 7mmH
IGB-BPM-080216-053 IGB-BPM-049	Baytubes P150	600,0	600,0	60/80	7mmB/ 7mmH
IGB-BPM-080219-054 IGB-BPM-050	Baytubes P150	1200,0	600,0	60/80	7mmB/ 7mmH
IGB-BPM-080219-055 IGB-BPM-051	Baytubes P150	800,0	600,0	60/80	7mmB/ 7mmH
IGB-BPM-080220-056 IGB-BPM-052	Baytubes P150	1000,0	600,0	60/80	7mmB/ 7mmH
IGB-BPM-080221-057 IGB-BPM-053	Baytubes P150	200,0	150,0	60/80	7mmH
IGB-BPM-080221-058 IGB-BPM-054	Nanocyl N7000 Charge 22	150,0	150,0	60/80	7mmH
IGB-BPM-080221-059 IGB-BPM-055	Nanocyl N7000 Charge 22	rest aus 058 +22mg	125,0	60/80	7mmH
IGB-BPM-080221-060 IGB-BPM-056	Nanocyl N7000 Charge 22	rest aus 058 +059	250,0	60/80	7mmH
IGB-BPM-080221-061 IGB-BPM-057	Nanocyl N7000 Charge 18	150,0	150,0	60/80	7mmH
IGB-BPM-080221-062 IGB-BPM-058	Nanocyl N7000 Charge 18	Rest aus 061	150,0	60/80	7mmH

Messergebnisse

IGB-BPM-080221-063 IGB-BPM-059	Nanocyl N7000 Charge 15	150,0	150,0	60/80	7mmH
IGB-BPM-080221-064 IGB-BPM-060	Nanocyl N7000 Charge 15	Rest aus 063	150,0	60/80	7mmH
IGB-BPM-080221-065 IGB-BPM-061	Nanocyl N7000 Charge 25	150,0	150,0	60/80	7mmH
IGB-BPM-080221-066 IGB-BPM-062	Nanocyl N7000 Charge 25	Rest aus 065	150,0	60/80	7mmH
IGB-BPM-080319-067 IGB-BPM-063	Future Carbon R080305-01	150,0	150,0	60/80	7mmH
IGB-BPM-080325-068 IGB-BPM-064	Future Carbon R080305-01	200,0	150,0	60/80	7mmH
IGB-BPM-080326-069 IGB-BPM-065	Future Carbon R080305-01	200,0	150,0	60/80	7mmH
IGB-BPM-080326-070 IGB-BPM-066	Future Carbon R080305-01	150,0	150,0	60/80	7mmH
IGB-BPM-080326-071 IGB-BPM-067	Future Carbon R080305-01	150,0	150,0	60/80	7mmH
IGB-BPM-080326-072 IGB-BPM-068	Future Carbon R080305-01	150,0	150,0	60/80	7mmH
IGB-BPM-080326-073 IGB-BPM-069	Future Carbon R080305-01	150,0	150,0	60/80	7mmH
IGB-BPM-080326-074 IGB-BPM-070	Future Carbon R080305-01	150,0	150,0	60/80	7mmH
IGB-BPM-080331-075 IGB-BPM-071	Future Carbon R080305-01	150,0	150,0	60/80	7mmH
IGB-BPM-080331-076 IGB-BPM-072	Future Carbon R080305-01	150,0	150,0	60/80	7mmH
IGB-BPM-080331-077 IGB-BPM-073	Future Carbon R080305-01	150,0	150,0	60/80	7mmH
IGB-BPM-080331-078 IGB-BPM-074	Future Carbon R080305-01	150,0	150,0	60/80	7mmH
IGB-BPM-080331-079 IGB-BPM-075	Future Carbon R080305-01	150,0	150,0	60/80	7mmH
IGB-BPM-080402-080 IGB-BPM-076	Future Carbon R080305-01	150,0	150,0	60/80	7mmH
IGB-BPM-080402-081 IGB-BPM-077	Future Carbon R080305-01	150,0	150,0	60/80	7mmH
IGB-BPM-080402-082 IGB-BPM-078	Future Carbon R080305-01	150,0	150,0	60/80	7mmH
IGB-BPM-080402-083 IGB-BPM-079	Future Carbon R080305-01	150,0	150,0	60/80	7mmH

weitere Messergebnisse

IGB-BPM-080402-084 IGB-BPM-080	Future Carbon R080305-01	150,0	150,0	60/80	7mmH
IGB-BPM-080411-085 IGB-BPM-081	Baytubes P150	800,0	600,0	60/80	7mmH
IGB-BPM-080414-086 IGB-BPM-082	Baytubes P150	800,0	600,0	60/80	7mmH
IGB-BPM-080414-087 IGB-BPM-083	Baytubes P150	800,0	600,0	60/80	7mmH
IGB-BPM-080417-088 IGB-BPM-084	Baytubes P150	1200,0	600,0	60/80	7mmH
IGB-BPM-080417-089 IGB-BPM-085	Future Carbon R080305-01	1200,0	600,0	60/80	7mmH
IGB-BPM-080422-090 IGB-BPM-086	Baytubes P150	800,0	600,0	60/80	7mmH
IGB-BPM-080423-091 IGB-BPM-087	Baytubes P150	800,0	600,0	60/80	7mmH
IGB-BPM-080423-092 IGB-BPM-088	Baytubes P150	800,0	600,0	60/80	7mmH
IGB-BPM-080603-093 IGB-BPM-089	Baytubes P150	150,0	150,0	60/80	7mmH
IGB-BPM-080909-094 IGB-BPM-090	Future Carbon R080305-01	150,0	150,0	60/80	7mmH
IGB-BPM-090307-105 IGB-BPM-091	FC ungereinigt	150,0	150,0	60/76	7mmH
IGB-BPM-090307-106 IGB-BPM-092	FC gereinigt	150,0	150,0	60/77	7mmH
IGB-BPM-090307-107 IGB-BPM-093	Baytubes C 150 HP	150,0	150,0	60/78	7mmH
IGB-BPM-090307-108 IGB-BPM-094	Baytubes P150	150,0	150,0	60/79	7mmH
IGB-BPM-090327-109 IGB-BPM-095	Baytubes P150	150,0	150,0	60/80	7mmH
IGB-BPM-090708-118 IGB-BPM-096	Nanocyl N7000	150,0	150,0	60/80	7mmH
IGB-BPM-090708-119 IGB-BPM-097	Baytubes P150 ohne Zentrifugieren	150,0	150,0	60/80	7mmH
IGB-BPM-090708-120 IGB-BPM-098	Baytubes C150 HP ohne Zentrifugieren	150,0	150,0	60/80	7mmH
IGB-ALJ-080604-002 IGB-BPM-099	Baytubes MIV-05-182	2250,0	2250,0	60/80	7mmH

Messergebnisse

IGB-ALJ-080605-003 IGB-BPM-100	Baytubes MIV-05-182	-	150 ml of IGB-ALJ-080604-002	60/80	7mmH
IGB-ALJ-080605-004 IGB-BPM-101	Baytubes MIV-05-182	-	150 ml of IGB-ALJ-080604-002	60/80	7mmH
IGB-ALJ-080605-005 IGB-BPM-102	Baytubes MIV-05-182	-	150 ml of IGB-ALJ-080604-002	60/80	7mmH
IGB-ALJ-080605-006 IGB-BPM-103	Baytubes MIV-05-182	-	150 ml of IGB-ALJ-080604-002	60/80	7mmH
IGB-ALJ-080605-007 IGB-BPM-104	Baytubes MIV-05-182	-	150 ml of IGB-ALJ-080604-002	60/80	7mmH
IGB-ALJ-080605-008 IGB-BPM-105	Baytubes MIV-05-182	-	150 ml of IGB-ALJ-080604-002	60/80	7mmH
IGB-ALJ-080606-009 IGB-BPM-106	Baytubes MIV-05-182	-	150 ml of IGB-ALJ-080604-002	60/80	7mmH
IGB-ALJ-080606-010 IGB-BPM-107	Baytubes MIV-05-182	-	150 ml of IGB-ALJ-080604-002	60/80	7mmH

weitere Messergebnisse

IGB-ALJ-080606-011 IGB-BPM-108	Baytubes MIV-05-182	-	150 ml of IGB-ALJ-080604-002	60/80	7mmH
IGB-ALJ-080606-012 IGB-BPM-109	Baytubes MIV-05-182	-	150 ml of IGB-ALJ-080604-002	60/80	7mmH
IGB-ALJ-080606-013 IGB-BPM-110	Baytubes MIV-05-182	-	150 ml of IGB-ALJ-080604-002	60/80	7mmH
IGB-ALJ-080606-014 IGB-BPM-111	Baytubes MIV-05-182	-	150 ml of IGB-ALJ-080604-002	60/80	7mmH
IGB-ALJ-080606-015 IGB-BPM-112	Future Carbon R080305-01	2250,0	2250 ml	60/80	7mmH
IGB-ALJ-080609-016 IGB-BPM-113	Future Carbon R080305-01	-	150 ml of IGB-ALJ-080606-015	60/80	7mmH
IGB-ALJ-080609-017 IGB-BPM-114	Future Carbon R080305-01	-	150 ml of IGB-ALJ-080606-015	60/80	7mmH
IGB-ALJ-080609-018 IGB-BPM-115	Future Carbon R080305-01	-	150 ml of IGB-ALJ-080606-015	60/80	7mmH
IGB-ALJ-080609-019 IGB-BPM-116	Future Carbon R080305-01	-	150 ml of IGB-ALJ-080606-015	60/80	7mmH

Messergebnisse

IGB-ALJ-080609-020 IGB-BPM-117	Future Carbon R080305-01	-	150 ml of IGB-ALJ-080606-015	60/80	7mmH
IGB-ALJ-080609-021 IGB-BPM-118	Future Carbon R080305-01	-	150 ml of IGB-ALJ-080606-015	60/80	7mmH
IGB-ALJ-080610-022 IGB-BPM-119	Future Carbon R080305-01	-	150 ml of IGB-ALJ-080606-015	60/80	7mmH
IGB-ALJ-080610-023 IGB-BPM-120	Future Carbon R080305-01	-	150 ml of IGB-ALJ-080606-015	60/80	7mmH
IGB-ALJ-080610-024 IGB-BPM-121	Future Carbon R080305-01	-	150 ml of IGB-ALJ-080606-015	60/80	7mmH
IGB-ALJ-080610-025 IGB-BPM-122	Future Carbon R080305-01	-	150 ml of IGB-ALJ-080606-015	60/80	7mmH
IGB-ALJ-080610-026 IGB-BPM-123	Baytubes MIV-05-182	-	150 ml of IGB-ALJ-080604-002	60/80	7mmH
IGB-ALJ-080620-027 IGB-BPM-124	Modified FC: ZSC-0233/0234-17JUN08/19JUN08-Ar/O2/H2-20W-5min	300,0	300 ml	60/80	7mmH

weitere Messergebnisse

IGB-ALJ-080620-028 IGB-BPM-125	Modified FC: ZSC-0233/0234-17JUN08/19JUN08-Ar/O2/H2-20W-5min	-	150 ml of IGB-ALJ-080620-027	60/80	7mmH
IGB-ALJ-080624-029 IGB-BPM-126	Baytubes MIV-05-182	150	150 ml	60/80	7mmH
IGB-ALJ-080624-030 IGB-BPM-127	Baytubes MIV-05-182	150,0	150 ml	60/80	7mmH
IGB-ALJ-080625-031 IGB-BPM-128	Future Carbon R080305-01	150,0	150 ml	60/80	7mmH
IGB-ALJ-080625-032 IGB-BPM-129	Future Carbon R080305-01	150,0	150 ml	60/80	7mmH
IGB-ALJ-080626-033 IGB-BPM-130	Nanocyl MWA P 040322	150,0	150 ml	60/80	7mmH
IGB-ALJ-080626-034 IGB-BPM-131	Nanocyl MWA P 040322	150,0	150 ml	60/80	7mmH
IGB-ALJ-080626-035 IGB-BPM-132	Nanocyl MWA P 040322	150,0	150 ml	60/80	7mmH
IGB-ALJ-080626-036 IGB-BPM-133	Future Carbon R080305-01	150,0	150 ml	60/80	7mmH
IGB-ALJ-080626-037 IGB-BPM-134	Future Carbon R080305-01	150,0	150 ml	60/80	7mmH
IGB-ALJ-080626-038 IGB-BPM-135	Future Carbon R080305-01	150,0	150 ml	60/80	7mmH
IGB-ALJ-080701-039 IGB-BPM-136	Nanocyl MWA P 040322	150,0	150 ml	60/80	7mmH
IGB-ALJ-080701-040 IGB-BPM-137	Nanocyl MWA P 040322	150,0	150 ml	60/80	7mmH
IGB-ALJ-080701-041 IGB-BPM-138	Nanocyl MWA P 040322	150,0	150 ml	60/80	7mmH
IGB-ALJ-080709-042 IGB-BPM-139	Future Carbon R080305-01	150,0	150 ml	60/80	7mmH
IGB-ALJ-080710-043 IGB-BPM-140	Future Carbon R080305-01	600,0	600,0	60/80	7mmH
IGB-ALJ-080710-044 IGB-BPM-141	Baytubes MIV-05-182	600,0	600,0	60/80	7mmH
IGB-ALJ-080715-045 IGB-BPM-142	Future Carbon R080305-01	600,0	600ml	60/80	7mmH
IGB-ALJ-080715-046 IGB-BPM-143	Baytubes MIV-05-182	150,0	150ml	60/80	7mmH

Messergebnisse

IGB-ALJ-080716-047 IGB-BPM-144	Baytubes MIV-05-182	150,0	150ml	60/80	7mmH
IGB-ALJ-080716-048 IGB-BPM-145	Baytubes MIV-05-182	150,0	150ml	60/80	7mmH
IGB-ALJ-080716-049 IGB-BPM-146	Baytubes MIV-05-182	150,0	150ml	60/80	7mmH
IGB-ALJ-080717-050 IGB-BPM-147	Baytubes MIV-05-182	150,0	150ml	60/80	7mmH
IGB-ALJ-080718-051 IGB-BPM-148	Baytubes MIV-05-182	150,0	150ml	60/80	7mmH
IGB-ALJ-080721-052 IGB-BPM-149	Baytubes MIV-05-182	150,0	150ml	60/80	7mmH
IGB-ALJ-080721-53 IGB-BPM-150	Baytubes MIV-05-182	150,0	150ml	60/80	7mmH
IGB-ALJ-080813-54 IGB-BPM-151	Baytubes MIV-05-182	600,0	600ml	60/80	7mmH
IGB-ALJ-080813-55 IGB-BPM-152	Baytubes MIV-05-182	600,0	600ml	60/80	7mmH
IGB-ALJ-080813-56 IGB-BPM-153	Baytubes MIV-05-182	600,0	600ml	60/80	7mmH
IGB-ALJ-080813-57 IGB-BPM-154	Baytubes MIV-05-182	600,0	600ml	60/80	7mmH
IGB-ALJ-080813-58 IGB-BPM-155	Baytubes MIV-05-182	600,0	600ml	60/80	7mmH
IGB-SGC-080814-001 IGB-BPM-156	Baytubes MIV-05-182	150,0	150 ml	60/80	7mmH
IGB-SGC-080814-002 IGB-BPM-157	Baytubes MIV-05-182	600,0	600 ml	60/80	7mmH
IGB-SGC-080814-003 IGB-BPM-158	Baytubes MIV-05-182	600,0	600 ml	60/80	7mmH
IGB-SGC-080814-004 IGB-BPM-159	Baytubes MIV-05-182	600,0	600 ml	60/80	7mmH
IGB-SGC-080814-005 IGB-BPM-160	Baytubes MIV-05-182	600,0	600 ml	60/80	7mmH
IGB-SGC-080814-007 IGB-BPM-161	Baytubes MIV-05-182	150,0	150 ml	60/80	7mmH
IGB-SGC-080814-008 IGB-BPM-162	Baytubes MIV-05-182	150,0	150 ml	60/80	7mmH
IGB-SGC-080814-009 IGB-BPM-163	Baytubes MIV-05-182	150,0	150 ml	60/80	7mmH
IGB-SGC-080814-010 IGB-BPM-164	Baytubes MIV-05-182	150,0	150 ml	60/80	7mmH

weitere Messergebnisse

IGB-SGC-080814-020 IGB-BPM-165	Baytubes MIV-05-182	150,0	150 ml	60/80	7mmH
IGB-SGC-080814-021 IGB-BPM-166	Baytubes MIV-05-182	150,0	150 ml	60/80	7mmH
IGB-SGC-080814-022 IGB-BPM-167	Baytubes MIV-05-182	150,0	150 ml	60/80	7mmH
IGB-SGC-080814-023 IGB-BPM-168	Baytubes MIV-05-182	150,0	150 ml	60/80	7mmH
IGB-SGC-080814-024 IGB-BPM-169	Baytubes MIV-05-182	600,0	600 ml	60/80	7mmH
IGB-SGC-080814-025 IGB-BPM-170	Baytubes MIV-05-182	600,0	600 ml	60/80	7mmH
IGB-SGC-080814-026 IGB-BPM-171	Baytubes MIV-05-182	600,0	600 ml	60/80	7mmH
IGB-SGC-080814-038 IGB-BPM-172	Baytubes MIV-05-182	600,0	600 ml	60/80	7mmH
IGB-SGC-080814-039 IGB-BPM-173	Baytubes MIV-05-182	600,0	600 ml	60/80	7mmH
IGB-SGC-080814-040 IGB-BPM-174	Baytubes MIV-05-182	600,0	600 ml	60/80	7mmH
IGB-SGC-080814-042 IGB-BPM-175	Baytubes MIV-05-182	600,0	600 ml	60/80	7mmH
IGB-SGC-080814-043 IGB-BPM-176	Baytubes MIV-05-182	600,0	600 ml	60/80	14mmH

Parameter Bucky Paper Herstellung, Teil 2

Probe	US-Zeit [min]	Rosette	Zentrifuge (U/min)/ Zeit	Filter-membran	Durch-messer Filter-membran
IGB-BPM-001	30	R	5000/ 15min	PC 0.4μm HTTP	75mm
IGB-BPM-002	30	R	5000/ 15min	PC 0.4μm HTTP	75mm
IGB-BPM-003	30	R	5000/ 15min	PC 0.4μm HTTP	75mm
IGB-BPM-004	30	R	5000/ 15min	PC 0.4μm HTTP	75mm

Messergebnisse

IGB-BPM-005	30	R	5000/ 15min	PC 0.4μm HTTP	75mm
IGB-BPM-006	30	R	5000/ 15min	PC 0.4μm HTTP	75mm
IGB-BPM-007	30	R	5000/ 15min	PC 0.4μm HTTP	75mm
IGB-BPM-008	30	R	5000/ 15min	PC 0.4μm HTTP	75mm
IGB-BPM-009	30	R	5000/ 15min	PC 0.4μm HTTP	75mm
IGB-BPM-010	30	R	5000/ 15min	PC 0.4μm HTTP	75mm
IGB-BPM-011	30	R	5000/ 15min	PC 0.4μm HTTP	75mm
IGB-BPM-012	30	R	5000/ 15min	PC 0.4μm HTTP	75mm
IGB-BPM-013	30	R	5000/ 15min	PC 0.4μm HTTP	75mm
IGB-BPM-014	30	R	5000/ 15min	PC 0.4μm HTTP	75mm
IGB-BPM-015	30	R	5000/ 15min	PC 0.4μm HTTP	75mm
IGB-BPM-016	30	R	5000/ 15min	PC 0.4μm HTTP	75mm
IGB-BPM-017	30	R	5000/ 15min	PC 0.4μm HTTP	75mm
IGB-BPM-018	30	R	5000/ 15min	PC 0.4μm HTTP	75mm

weitere Messergebnisse

IGB-BPM-019	30	R	5000/ 15min	PC 0.4μm HTTP	75mm
IGB-BPM-020	30	R	5000/ 15min	PC 0.4μm HTTP	75mm
IGB-BPM-021	30	R	5000/ 15min	PC 0.4μm HTTP	75mm
IGB-BPM-022	30	R	5000/ 15min	PC 0.4μm HTTP	75mm
IGB-BPM-023	30	R	5000/ 15min	PC 0.4μm HTTP	75mm
IGB-BPM-024	30	R	5000/ 15min	PC 0.4μm HTTP	75mm
IGB-BPM-025	2*15	B	5000/ 15min	PC 0.4μm HTTP	
IGB-BPM-026	30	R	5000/ 15min	PC 0.4μm HTTP	48mm
IGB-BPM-027	30	R	5000/ 15min	PC 0.4μm HTTP	75mm
IGB-BPM-028	30	R	5000/ 15min	PC 0.4μm HTTP	75mm
IGB-BPM-029	30	R	5000/ 15min	PC 0.4μm HTTP	75mm
IGB-BPM-030	30	R	5000/ 15min	PC 0.4μm HTTP	75mm
IGB-BPM-031	30	R	5000/ 15min	PC 0.4μm HTTP	75mm
IGB-BPM-032	30	R	5000/ 15min	PC 0.4μm HTTP	48mm

Messergebnisse

IGB-BPM-033	30	R	5000/ 15min	PC 0.4μm HTTP	75mm
IGB-BPM-034	30	R	5000/ 15min	PC 0.4μm HTTP	75mm
IGB-BPM-035	30	R	5000/ 15min	PC 0.4μm HTTP	75mm
IGB-BPM-036	30	R	5000/ 15min	PC 0.4μm HTTP	75mm
IGB-BPM-037	30	R	5000/ 15min	PC 0.4μm HTTP	75mm
IGB-BPM-038	30	R	5000/ 15min	PC 0.4μm HTTP	75mm
IGB-BPM-039	30	R	5000/ 15min	PC 0.4μm HTTP	75mm
IGB-BPM-040	30	R	5000/ 15min	PC 0.4μm HTTP	75mm
IGB-BPM-041	30	R	5000/ 15min	PC 0.4μm HTTP	75mm
IGB-BPM-042	30	R	5000/ 15min	PC 0.4μm HTTP	75mm
IGB-BPM-043	30	R	5000/ 15min	PC 0.4μm HTTP	75mm
IGB-BPM-044	30	R	5000/ 15min	PC 0.4μm HTTP	75mm
IGB-BPM-045	30	R	5000/ 15min	PC 0.4μm HTTP	140mm
IGB-BPM-046	30	R	5000/ 15min	PC 0.4μm HTTP	140mm

weitere Messergebnisse

IGB-BPM-047	30	R	5000/ 15min	PC 0.4μm HTTP	140mm
IGB-BPM-048	30	R	5000/ 15min	PC 0.4μm HTTP	140mm
IGB-BPM-049	30	R	5000/ 15min	PC 0.4μm HTTP	140mm
IGB-BPM-050	30	R	5000/ 15min	PC 0.4μm HTTP	140mm
IGB-BPM-051	30	R	5000/ 15min	PC 0.4μm HTTP	140mm
IGB-BPM-052	30	R	5000/ 15min	PC 0.4μm HTTP	140mm
IGB-BPM-053	30	R	5000/ 15min	PC 0.4μm HTTP	140mm
IGB-BPM-054	30	R	5000/ 15min	PC 0.4μm HTTP	75mm
IGB-BPM-055	75	R	5000/ 15min	PC 0.4μm HTTP	43mm
IGB-BPM-056	120	R	5000/ 15min	PC 0.4μm HTTP	75mm
IGB-BPM-057	30	R	5000/ 15min	PC 0.4μm HTTP	75mm
IGB-BPM-058	30	R	5000/ 15min	PC 0.4μm HTTP	75mm
IGB-BPM-059	30	R	5000/ 15min	PC 0.4μm HTTP	75mm
IGB-BPM-060	30	R	5000/ 15min	PC 0.4μm HTTP	75mm

Messergebnisse

IGB-BPM-061	30	R	5000/ 15min	PC 0.4μm HTTP	75mm
IGB-BPM-062	30	R	5000/ 15min	PC 0.4μm HTTP	75mm
IGB-BPM-063	30	R	5000/ 15min	PC 0.4μm HTTP	75mm
IGB-BPM-064	30	R	5000/ 15min	PC 0.4μm HTTP	75mm
IGB-BPM-065	30	R	5000/ 15min	PC 0.4μm HTTP	75mm
IGB-BPM-066	30	R	5000/ 15min	PC 0.4μm HTTP	75mm
IGB-BPM-067	30	R	5000/ 15min	PC 0.4μm HTTP	75mm
IGB-BPM-068	30	R	5000/ 15min	PC 0.4μm HTTP	75mm
IGB-BPM-069	30	R	5000/ 15min	PC 0.4μm HTTP	75mm
IGB-BPM-070	30	R	5000/ 15min	PC 0.4μm HTTP	75mm
IGB-BPM-071	30	R	5000/ 15min	PC 0.4μm HTTP	75mm
IGB-BPM-072	30	R	5000/ 15min	PC 0.4μm HTTP	75mm
IGB-BPM-073	30	R	5000/ 15min	PC 0.4μm HTTP	75mm
IGB-BPM-074	30	R	5000/ 15min	PC 0.4μm HTTP	75mm

weitere Messergebnisse

IGB-BPM-075	30	R	5000/ 15min	PC 0.4μm HTTP	75mm
IGB-BPM-076	30	R	5000/ 15min	PC 0.4μm HTTP	75mm
IGB-BPM-077	30	R	5000/ 15min	PC 0.4μm HTTP	75mm
IGB-BPM-078	30	R	5000/ 15min	PC 0.4μm HTTP	75mm
IGB-BPM-079	30	R	5000/ 15min	PC 0.4μm HTTP	75mm
IGB-BPM-080	30	R	5000/ 15min	PC 0.4μm HTTP	75mm
IGB-BPM-081	30	R	5000/ 15min	PC 0.4μm HTTP	140mm
IGB-BPM-082	30	R	5000/ 15min	PC 0.4μm HTTP	140mm
IGB-BPM-083	30	R	5000/ 15min	PC 0.4μm HTTP	140mm
IGB-BPM-084	30	R	5000/ 15min	PC 0.4μm HTTP	140mm
IGB-BPM-085	30	R	5000/ 15min	PC 0.4μm HTTP	140mm
IGB-BPM-086	30	R	5000/ 15min	PC 0.4μm HTTP	140mm
IGB-BPM-087	30	R	5000/ 15min	PC 0.4μm HTTP	140mm
IGB-BPM-088	30	R	5000/ 15min	PC 0.4μm HTTP	140mm

Messergebnisse

IGB-BPM-089	30	R	5000/ 15min	PC 0.4μm HTTP	140mm
IGB-BPM-090	360	R	5000/ 180min	PC 0.4μm HTTP	140mm
IGB-BPM-091	26	R	5000/ 15min	PC 0.4μm HTTP	75mm
IGB-BPM-092	27	R	5000/ 15min	PC 0.4μm HTTP	75mm
IGB-BPM-093	28	R	5000/ 15min	PC 0.4μm HTTP	75mm
IGB-BPM-094	29	R	5000/ 15min	PC 0.4μm HTTP	75mm
IGB-BPM-095	30	R	5000/ 15min	PC 0.4μm HTTP	75mm
IGB-BPM-096	30	R	5000/ 15min	PC 0.4μm HTTP	75mm
IGB-BPM-097	30	R	5000/ 15min	PC 0.4μm HTTP	75mm
IGB-BPM-098	30	R	5000/ 15min	PC 0.4μm HTTP	75mm
IGB-BPM-099	30	R	5000/ 15min	PC 0.4μm HTTP	
IGB-BPM-100	30	R	5000/ 15min	PC 0.4μm HTTP	75mm
IGB-BPM-101	30	R	5000/ 15min	PC 0.4μm HTTP	75mm
IGB-BPM-102	30	R	5000/ 15min	PC 0.4μm HTTP	75mm

weitere Messergebnisse

IGB-BPM-103	30	R	5000/ 15min	PC 0.4μm HTTP	75mm
IGB-BPM-104	30	R	5000/ 15min	PC 0.4μm HTTP	75mm
IGB-BPM-105	30	R	5000/ 15min	PC 0.4μm HTTP	75mm
IGB-BPM-106	30	R	5000/ 15min	PC 0.4μm HTTP	75mm
IGB-BPM-107	30	R	5000/ 15min	PC 0.4μm HTTP	75mm
IGB-BPM-108	30	R	5000/ 15min	PC 0.4μm HTTP	75mm
IGB-BPM-109	30	R	5000/ 15min	PC 0.4μm HTTP	75mm
IGB-BPM-110	30	R	5000/ 15min	PC 0.4μm HTTP	75mm
IGB-BPM-111	30	R	5000/ 15min	PC 0.4μm HTTP	75mm
IGB-BPM-112	30	R	5000/ 15min	PC 0.4μm HTTP	
IGB-BPM-113	30	R	5000/ 15min	PC 0.4μm HTTP	75mm
IGB-BPM-114	30	R	5000/ 15min	PC 0.4μm HTTP	75mm
IGB-BPM-115	30	R	5000/ 15min	PC 0.4μm HTTP	75mm
IGB-BPM-116	30	R	5000/ 15min	PC 0.4μm HTTP	75mm

Messergebnisse

IGB-BPM-117	30	R	5000/ 15min	PC 0.4µm HTTP	75mm
IGB-BPM-118	30	R	5000/ 15min	PC 0.4µm HTTP	75mm
IGB-BPM-119	30	R	5000/ 15min	PC 0.4µm HTTP	75mm
IGB-BPM-120	30	R	5000/ 15min	PC 0.4µm HTTP	75mm
IGB-BPM-121	30	R	5000/ 15min	PC 0.4µm HTTP	75mm
IGB-BPM-122	30	R	5000/ 15min	PC 0.4µm HTTP	75mm
IGB-BPM-123	30	R	5000/ 15min	PC 0.4µm HTTP	75mm
IGB-BPM-124	30	R	5000/ 15min	PC 0.4µm HTTP	
IGB-BPM-125	30	R	5000/ 15min	PC 0.4µm HTTP	75mm
IGB-BPM-126	30	R	5000/ 5min	PC 0.4µm HTTP	75mm
IGB-BPM-127	30	R	5000/ 30min	PC 0.4µm HTTP	75mm
IGB-BPM-128	30	R	5000/ 5min	PC 0.4µm HTTP	75mm
IGB-BPM-129	30	R	5000/ 30min	PC 0.4µm HTTP	75mm
IGB-BPM-130	30	R	5000/ 30min	PC 0.4µm HTTP	75mm

weitere Messergebnisse

IGB-BPM-131	30	R	5000/ 15min	PC 0.4μm HTTP	75mm
IGB-BPM-132	30	R	5000/ 5min	PC 0.4μm HTTP	75mm
IGB-BPM-133	30	R	5000/ 30min	PC 0.4μm HTTP	75mm
IGB-BPM-134	30	R	5000/ 15min	PC 0.4μm HTTP	75mm
IGB-BPM-135	30	R	5000/ 5min	PC 0.4μm HTTP	75mm
IGB-BPM-136	30	R	5000/ 30min	PC 0.4μm HTTP	75mm
IGB-BPM-137	30	R	5000/ 15min	PC 0.4μm HTTP	75mm
IGB-BPM-138	30	R	5000/ 5min	PC 0.4μm HTTP	75mm
IGB-BPM-139	240	R	5000/ 180min	PC 0.4μm HTTP	75mm
IGB-BPM-140	30	R	5000/ 15min	PC 0.4μm HTTP	150mm
IGB-BPM-141	30	R	5000/ 15min	PC 0.4μm HTTP	150mm
IGB-BPM-142	30	R	5000/ 15min	PC 0.4μm HTTP	150mm
IGB-BPM-143	30	R	5000/ 15min	PC 0.4μm HTTP	75mm
IGB-BPM-144	120	R	5000/ 30min	PC 0.4μm HTTP	75mm

Messergebnisse

IGB-BPM-145	120	R	5000/ 15min	PC 0.4μm HTTP	75mm
IGB-BPM-146	120	R	5000/ 5min	PC 0.4μm HTTP	75mm
IGB-BPM-147	120	R	5000/ 5min	PC 0.4μm HTTP	75mm
IGB-BPM-148	240	R	5000/ 15min	PC 0.4μm HTTP	75mm
IGB-BPM-149	240	R	5000/ 30min	PC 0.4μm HTTP	75mm
IGB-BPM-150	240	R	5000/ 5min	PC 0.4μm HTTP	75mm
IGB-BPM-151	30	R	5000/ 15min	PC 0.4μm HTTP	150mm
IGB-BPM-152	30	R	5000/ 15min	PC 0.4μm HTTP	150mm
IGB-BPM-153	30	R	5000/ 15min	PC 0.4μm HTTP	150mm
IGB-BPM-154	30	R	5000/ 15min	PC 0.4μm HTTP	150mm
IGB-BPM-155	30	R	5000/ 15min	PC 0.4μm HTTP	150mm
IGB-BPM-156	30	R	5000/ 15min	PC 0.4μm HTTP	75mm
IGB-BPM-157	30	R	5000/ 15min	PC 0.4μm HTTP	75mm
IGB-BPM-158	30	R	5000/ 15min	PC 0.4μm HTTP	75mm

weitere Messergebnisse

IGB-BPM-159	30	R	5000/ 15min	PC 0.4μm HTTP	75mm
IGB-BPM-160	30	R	5000/ 15min	PC 0.4μm HTTP	75mm
IGB-BPM-161	30	R	5000/ 15min	PC 0.4μm HTTP	75mm
IGB-BPM-162	30	R	5000/ 15min	PC 0.4μm HTTP	75mm
IGB-BPM-163	30	R	5000/ 15min	PC 0.4μm HTTP	75mm
IGB-BPM-164	30	R	5000/ 15min	PC 0.4μm HTTP	75mm
IGB-BPM-165	30	R	5000/ 15min	PC 0.4μm HTTP	75mm
IGB-BPM-166	30	R	5000/ 15min	PC 0.4μm HTTP	75mm
IGB-BPM-167	30	R	5000/ 15min	PC 0.4μm HTTP	75mm
IGB-BPM-168	30	R	5000/ 15min	PC 0.4μm HTTP	75mm
IGB-BPM-169	30	R	5000/ 15min	PC 0.4μm HTTP	75mm
IGB-BPM-170	30	R	5000/ 15min	PC 0.4μm HTTP	75mm
IGB-BPM-171	30	R	5000/ 15min	PC 0.4μm HTTP	75mm
IGB-BPM-172	30	R	5000/ 15min	PC 0.4μm HTTP	75mm

Messergebnisse

IGB-BPM-173	30	R	5000/ 15min	PC 0.4μm HTTP	75mm
IGB-BPM-174	30	R	5000/ 15min	PC 0.4μm HTTP	75mm
IGB-BPM-175	30	R	5000/ 15min	PC 0.4μm HTTP	75mm
IGB-BPM-176	30	RZ5	5000/ 15min	PC 0.4μm HTTP	75mm

Parameter Bucky Paper Herstellung, Teil 3

Probe	Spülwasser [ml]	Masse BP [mg]	Dicke Bucky Paper [μm]	Widerstand- messung [Ohm]	Leitfähig- keit [S/cm]
IGB-BPM-001	2x300ml (50°C)	39,000	16,000	2,000	69,999
IGB-BPM-002	2x300ml (50°C)	46,800	22,000	1,494	68,155
IGB-BPM-003	2x300ml (50°C)	-	13,000	2,426	71,026
IGB-BPM-004	2x300ml (50°C)	-	15,000	2,147	69,554
IGB-BPM-005	2x300ml (50°C)	42,900	22,000	6,372	15,978
IGB-BPM-006	2x300ml (50°C)	49,000	24,000	5,392	17,310
IGB-BPM-007	2x300ml (50°C)	52,600	31,000	4,500	16,057
IGB-BPM-008	2x300ml (50°C)	38,200	20,000	6,405	17,486
IGB-BPM-009	2x300ml (50°C)	39,800	20,000	6,317	17,729
IGB-BPM-010	2x300ml (50°C)	32,700	15,000	10,628	14,051
IGB-BPM-011	2x300ml (50°C)	33,600	17,000	9,004	14,633
IGB-BPM-012	2x300ml (50°C)	31,100	16,000	8,138	17,202
IGB-BPM-013	2x300ml (50°C)	49,600	24,000	2,614	35,709
IGB-BPM-014	2x300ml (50°C)	56,000	27,000	2,374	34,944
IGB-BPM-015	2x300ml (50°C)	44,700	20,000	2,873	38,979
IGB-BPM-016	2x300ml (50°C)	49,200	23,000	2,835	34,358
IGB-BPM-017	2x300ml (50°C)	56,300	26,000	2,212	38,939
IGB-BPM-018	2x300ml (50°C)	43,800	20,000	3,070	36,481
IGB-BPM-019	2x300ml (50°C)	48,200	22,000	2,465	41,313
IGB-BPM-020	2x300ml (50°C)	55,700	27,000	2,216	37,436
IGB-BPM-021	2x300ml (50°C)	40,100	16,000	3,588	39,013
IGB-BPM-022	2x300ml (50°C)	43,400	18,000	3,021	41,195
IGB-BPM-023	2x300ml (50°C)	53,100	25,000	2,273	39,410

weitere Messergebnisse

IGB-BPM-024	2×300ml (50°C)	42,900	17,000	3,588	36,726
IGB-BPM-025	2×300ml (50°C)	64,400	29,000	1,848	41,790
IGB-BPM-026	2×200ml (50°C)	60,000	22,000	2,639	38,578
IGB-BPM-027	2×300ml (50°C)	45,700	19,000	3,112	37,881
IGB-BPM-028	2×300ml (50°C)	58,600	25,000	2,324	38,552
IGB-BPM-029	2×300ml (50°C)	59,300	25,000	2,140	41,870
IGB-BPM-030	2×300ml (50°C)	62,200	29,000	1,876	41,172
IGB-BPM-031	2×300ml (50°C)	-	28,000	2,111	37,903
IGB-BPM-032	2×300ml (50°C)	-	28,000	2,330	34,333
IGB-BPM-033	2×300ml (50°C)	53,000	27,000	2,013	41,204
IGB-BPM-034	2×300ml (50°C)	54,000	26,000	2,290	37,618
IGB-BPM-035	2×300ml (50°C)	55,000	27,000	1,922	43,169
IGB-BPM-036	2×300ml (50°C)	56,000	27,000	2,406	34,483
IGB-BPM-037	2×300ml (50°C)	56,000	28,000	2,203	36,306
IGB-BPM-038	2×300ml (50°C)	-	27,000	2,195	37,790
IGB-BPM-039	2×300ml (50°C)	57,000	28,000	1,931	41,437
IGB-BPM-040	2×300ml (50°C)	56,000	26,000	2,448	35,196
IGB-BPM-041	2×300ml (50°C)	56,000	27,000	1,890	43,902
IGB-BPM-042	2×300ml (50°C)	54,000	26,000	2,049	42,039
IGB-BPM-043	2×300ml (50°C)	56,000	26,000	2,174	39,627
IGB-BPM-044	2×300ml (50°C)	55,000	27,000	1,652	50,215
IGB-BPM-045	2×400ml (50°C)	55,000	26,000	2,204	39,087
IGB-BPM-046	2×400ml (50°C)	57,000	25,000	2,427	36,911
IGB-BPM-047	2×400ml (50°C)	58,000	27,000	2,209	37,556
IGB-BPM-048	2×400ml (50°C)	57,000	25,000	2,284	39,226
IGB-BPM-049	2×400ml (50°C)	56,000	27,000	2,310	35,920
IGB-BPM-050	2×400ml (50°C)	56,000	28,000	2,297	34,820
IGB-BPM-051	2×300ml (50°C)	55,000	33,000	1,951	34,799
IGB-BPM-052	2×300ml (50°C)	56,000	28,000	1,851	43,214
IGB-BPM-053	2×300ml (50°C)	57,000	27,000	1,926	43,084
IGB-BPM-054	2×300ml (50°C)	42,500	-	-	-
IGB-BPM-055	2×300ml (50°C)	42,500	-	-	-
IGB-BPM-056	2×300ml (50°C)	42,600	-	-	-
IGB-BPM-057	2×300ml (50°C)	42,500	-	-	-
IGB-BPM-058	2×300ml (50°C)	41,800	-	-	-
IGB-BPM-059	2×300ml (50°C)	42,200	-	-	-
IGB-BPM-060	2×300ml (50°C)	41,200	-	-	-
IGB-BPM-061	2×300ml (50°C)	43,700	-	-	-
IGB-BPM-062	2×300ml (50°C)	42,300	-	-	-
IGB-BPM-063	2×300ml (50°C)	81,500	37,000	0,975	62,111
IGB-BPM-064	2×300ml (50°C)	81,300	37,000	1,009	59,980
IGB-BPM-065	2×300ml (50°C)	80,500	38,000	0,964	61,159

Messergebnisse

IGB-BPM-066	2×300ml (50°C)	79,100	40,000	0,898	62,384
IGB-BPM-067	2×300ml (50°C)	81,300	39,000	0,906	63,408
IGB-BPM-068	2×300ml (50°C)	83,000	38,000	0,959	61,477
IGB-BPM-069	2×300ml (50°C)	84,100	38,000	0,965	61,083
IGB-BPM-070	2×300ml (50°C)	81,000	40,000	0,929	60,273
IGB-BPM-071	2×300ml (50°C)	88,600	43,000	0,857	60,789
IGB-BPM-072	2×300ml (50°C)	82,600	39,000	1,017	56,500
IGB-BPM-073	2×300ml (50°C)	78,000	40,000	0,879	63,700
IGB-BPM-074	2×300ml (50°C)	87,200	43,000	0,795	65,500
IGB-BPM-075	2×300ml (50°C)	88,600	43,000	0,803	64,900
IGB-BPM-076	2×300ml (50°C)	90,800	45,000	0,772	64,500
IGB-BPM-077	2×300ml (50°C)	79,000	41,000	0,928	58,900
IGB-BPM-078	2×300ml (50°C)	82,700	43,000	0,887	58,700
IGB-BPM-079	2×300ml (50°C)	92,100	46,000	0,782	62,300
IGB-BPM-080	2×300ml (50°C)	81,500	42,000	0,890	59,900
IGB-BPM-081	2×300ml (50°C)	30,900	35,000	-	-
IGB-BPM-082	2×300ml (50°C)	30,800	35,000	-	-
IGB-BPM-083	2×300ml (50°C)	30,800	35,000	-	-
IGB-BPM-084	2×300ml (50°C)	30,900	34,000	-	-
IGB-BPM-085	2×300ml (50°C)	31,700	45,000	-	-
IGB-BPM-086	2×300ml (50°C)	77,100	41,000	-	-
IGB-BPM-087	2×300ml (50°C)	30,800	40,000	-	-
IGB-BPM-088	2×300ml (50°C)	30,800	40,000	-	-
IGB-BPM-089	2×300ml (50°C)	31,500	40,000	-	-
IGB-BPM-090	2×300ml (50°C)	100,000	45,000	0,905	55,000
IGB-BPM-091	2×300ml (50°C)	102,000	46,000	0,699	55,000
IGB-BPM-092	2×300ml (50°C)	76,000	33,000	0,901	57,000
IGB-BPM-093	2×300ml (50°C)	61,300	25,000	1,945	58,000
IGB-BPM-094	2×300ml (50°C)	57,600	25,000	2,111	57,000
IGB-BPM-095	2×300ml (50°C)	75,100	26,000	1,941	56,000
IGB-BPM-096	2×300ml (50°C)	84,400	40,000	0,709	56,000
IGB-BPM-097	2×300ml (50°C)	-	126,000	1,239	55,000
IGB-BPM-098	2×300ml (50°C)	-	94,000	1,154	56,000
IGB-BPM-099	2×300ml (50°C)	56,800	25,500	2,190	55,000
IGB-BPM-100	2×300ml (50°C)	57,900	26,000	2,184	56,000
IGB-BPM-101	2×300ml (50°C)	55,800	25,000	2,195	40,819
IGB-BPM-102	2×300ml (50°C)	56,700	26,000	2,163	39,830
IGB-BPM-103	2×300ml (50°C)	52,500	26,000	2,198	39,196
IGB-BPM-104	2×300ml (50°C)	57,400	25,000	2,201	40,708
IGB-BPM-105	2×300ml (50°C)	57,200	25,000	2,197	40,782
IGB-BPM-106	2×300ml (50°C)	57,200	25,000	2,156	41,558
IGB-BPM-107	2×300ml (50°C)	56,600	26,000	2,151	40,052

weitere Messergebnisse

IGB-BPM-108	2×300ml (50°C)	77,000	35,000	1,600	39,999
IGB-BPM-109	2×300ml (50°C)	57,600	25,000	2,153	41,616
IGB-BPM-110	2×300ml (50°C)	56,900	26,000	2,205	39,071
IGB-BPM-111	2×300ml (50°C)	59,600	28,000	2,137	37,435
IGB-BPM-112	2×300ml (50°C)	77,000	35,000	1,600	39,999
IGB-BPM-113	2×300ml (50°C)	100,000	48,000	0,715	65,267
IGB-BPM-114	2×300ml (50°C)	100,000	51,000	0,720	61,001
IGB-BPM-115	2×300ml (50°C)	99,900	49,000	0,705	64,842
IGB-BPM-116	2×300ml (50°C)	100,400	51,000	0,722	60,832
IGB-BPM-117	2×300ml (50°C)	100,000	48,000	0,736	63,405
IGB-BPM-118	2×300ml (50°C)	99,900	48,000	0,719	64,904
IGB-BPM-119	2×300ml (50°C)	103,000	46,000	0,704	69,169
IGB-BPM-120	2×300ml (50°C)	100,800	48,000	0,704	66,287
IGB-BPM-121	2×300ml (50°C)	103,500	46,000	0,685	71,087
IGB-BPM-122	2×300ml (50°C)	102,700	46,000	0,705	69,070
IGB-BPM-123	2×300ml (50°C)	100,000	48,000	0,704	66,287
IGB-BPM-124	2×300ml (50°C)	102,700	45,500	0,705	69,070
IGB-BPM-125	2×300ml (50°C)	92,400	43,000	0,972	53,593
IGB-BPM-126	2×300ml (50°C)	61,600	30,000	2,152	34,696
IGB-BPM-127	2×300ml (50°C)	47,500	21,000	2,335	45,681
IGB-BPM-128	2×300ml (50°C)	64,300	27,000	1,292	64,212
IGB-BPM-129	2×300ml (50°C)	60,600	25,000	1,387	64,599
IGB-BPM-130	2×300ml (50°C)	-	10,000	3,483	64,311
IGB-BPM-131	2×300ml (50°C)	23,300	11,000	3,203	63,575
IGB-BPM-132	2×300ml (50°C)	25,000	13,000	2,958	58,250
IGB-BPM-133	2×300ml (50°C)	63,500	28,000	1,213	65,951
IGB-BPM-134	2×300ml (50°C)	65,300	30,000	1,210	61,707
IGB-BPM-135	2×300ml (50°C)	63,600	29,000	1,261	61,253
IGB-BPM-136	2×300ml (50°C)	27,200	13,000	2,756	62,520
IGB-BPM-137	2×300ml (50°C)	29,800	14,000	2,382	67,169
IGB-BPM-138	2×300ml (50°C)	27,500	13,000	2,659	64,800
IGB-BPM-139	2×300ml (50°C)	91,000	38,000	0,813	72,505
IGB-BPM-140	2×400ml (50°C)	296,900	39,000	0,941	61,036
IGB-BPM-141	2×400ml (50°C)	224,000	30,000	2,110	35,386
IGB-BPM-142	2×400ml (50°C)	gerissen	29,500	-	-
IGB-BPM-143	2×300ml (50°C)	54,900	25,000	2,333	38,405
IGB-BPM-144	2×300ml (50°C)	92,000	39,000	1,449	39,638
IGB-BPM-145	2×300ml (50°C)	95,300	41,000	1,450	37,678
IGB-BPM-146	2×300ml (50°C)	107,700	51,000	1,309	33,553
IGB-BPM-147	2×300ml (50°C)	115,200	56,000	1,234	32,414
IGB-BPM-148	2×300ml (50°C)	120,200	57,000	1,086	36,186
IGB-BPM-149	2×300ml (50°C)	118,800	54,000	1,063	39,022

Messergebnisse

IGB-BPM-150	2x300ml (50°C)	129,000	60,000	1,054	35,420
IGB-BPM-151	2x300ml (50°C)	232,000	29,500	1,886	40,260
IGB-BPM-152	2x300ml (50°C)	252,000	28,000	1,914	41,796
IGB-BPM-153	2x300ml (50°C)	229,000	29,000	1,890	40,868
IGB-BPM-154	2x300ml (50°C)	239,000	30,000	1,914	39,010
IGB-BPM-155	2x300ml (50°C)	219,000	27,000	1,936	42,852
IGB-BPM-156	2x300ml (50°C)	43,000	19,000	2,778	42,438
IGB-BPM-157	2x300ml (50°C)	227,000	27,000	1,936	42,852
IGB-BPM-158	2x300ml (50°C)	236,000	29,000	1,872	41,261
IGB-BPM-159	2x300ml (50°C)	238,000	29,000	1,771	43,614
IGB-BPM-160	2x300ml (50°C)	241,000	28,500	1,800	43,664
IGB-BPM-161	2x300ml (50°C)	57,000	28,000	2,090	38,277
IGB-BPM-162	2x300ml (50°C)	60,000	27,000	2,023	41,009
IGB-BPM-163	2x300ml (50°C)	64,000	30,000	2,031	36,763
IGB-BPM-164	2x300ml (50°C)	62,000	28,000	2,095	38,185
IGB-BPM-165	2x300ml (50°C)	45,000	19,000	2,666	44,217
IGB-BPM-166	2x300ml (50°C)	101,000	26,000	2,081	41,407
IGB-BPM-167	2x300ml (50°C)	99,000	26,000	2,106	40,900
IGB-BPM-168	2x300ml (50°C)	97,000	26,000	2,096	41,101
IGB-BPM-169	2x300ml (50°C)	100,800	26,000	1,892	45,535
IGB-BPM-170	2x300ml (50°C)	101,500	27,000	1,891	43,867
IGB-BPM-171	2x300ml (50°C)	96,200	32,000	1,846	37,923
IGB-BPM-172	2x300ml (50°C)	100,400	25,500	1,947	45,126
IGB-BPM-173	2x300ml (50°C)	95,000	27,000	1,897	43,742
IGB-BPM-174	2x300ml (50°C)	96,200	31,000	1,804	40,062
IGB-BPM-175	2x300ml (50°C)	89,900	24,000	1,939	48,134
IGB-BPM-176	2x300ml (50°C)	85,700	17,000	2,369	55,624

Literaturverzeichnis

[ABCB02]   A. Allaoui, S. Bai, HM Cheng, and JB Bai. Mechanical and electrical properties of a mwnt/epoxy composite. *Composites Science and Technology*, 62(15):1993–1998, 2002.

[Aja99]   P. Ajayan. Nanotubes from carbon. *Chemical Reviews*, 99(7):1787–1800, 1999.

[AJMR02]   R. Andrews, D. Jacques, M. Minot, and T. Rantell. Fabrication of carbon multiwall nanotube/polymer composites by shear mixing. *Macromolecular Materials and Engineering*, 287(6):395–403, 2002.

[AKC+99]   H. Ago, T. Kugler, F. Cacialli, W.R. Salaneck, M.S.P. Shaffer, A.H. Windle, and R.H. Friend. Work functions and surface functional groups of multiwall carbon nanotubes. *The Journal of Physical Chemistry B*, 103(38):8116–8121, 1999.

[Aro07]   Sandler S. Arora, G. Molecular sieving using single wall carbon nanotubes. *Nano Lett.*, 7(3):565–569, 2007.

[AZ01]   P. Ajayan and O. Zhou. Applications of carbon nanotubes. *Carbon Nanotubes*, pages 391–425, 2001.

[Ban06]   S. Bandelin. *Niederfrequenter Ultraschall - Grundlagen, Technik, Anwendungen*. Verlag Moderne Industrie, 2006.

[Bar00]   E.V. Barrera. Key methods for developing single-wall nanotube composites. *JOM Journal of the Minerals, Metals and Materials Society*, 52(11):38–42, 2000.

[BAZA98]   S. Bandow, S. Asaka, X. Zhao, and Y. Ando. Purification and magnetic properties of carbon nanotubes. *Applied Physics A: Materials Science & Processing*, 67(1):23–27, 1998.

[BCL+01]   J.M. Benoit, B. Corraze, S. Lefrant, P. Bernier, and O. Chauvet. Electric transport properties and percolation in carbon nanotubes/pmma composites. In *Making Functional Materials with Nanotubes as held at the 2001 MRS Fall Meeting*, page 85, 2001.

Literaturverzeichnis

[BCZ+99] R.H. Baughman, C. Cui, A.A. Zakhidov, Z. Iqbal, J.N. Barisci, G.M. Spinks, G.G. Wallace, A. Mazzoldi, D. De Rossi, A.G. Rinzler, et al. Carbon nanotube actuators. *Science*, 284(5418):1340, 1999.

[BH82] H. Bethge and J. Heydenreich. *Elektronenmikroskopie in der Festkörperphysik*. Deutscher Verl. der Wissenschaften, 1982.

[Bie02] Llaguno M. Radosavljevic M. Hyun J. Johnson A. Fischer J. Biercuk, M. Carbon nanotube composites for thermal management. *Applied Physics Letters*, 80:2767, 2002.

[BK09] W. Bauhofer and J.Z. Kovacs. A review and analysis of electrical percolation in carbon nanotube polymer composites. *Composites Science and Technology*, 69(10):1486–1498, 2009.

[BKP05] A. Bianco, K. Kostarelos, and M. Prato. Applications of carbon nanotubes in drug delivery. *Current Opinion in Chemical Biology*, 9(6):674–679, 2005.

[BKW03] S. Banerjee, M.G.C. Kahn, and S.S. Wong. Rational chemical strategies for carbon nanotube functionalization. *Chemistry–A European Journal*, 9(9):1898–1908, 2003.

[BNRRYR02] R. Bandyopadhyaya, E. Nativ-Roth, O. Regev, and R. Yerushalmi-Rozen. Stabilization of individual carbon nanotubes in aqueous solutions. *Nano letters*, 2(1):25–28, 2002.

[BNS+08] S.D. Bergin, V. Nicolosi, P.V. Streich, S. Giordani, Z. Sun, A.H. Windle, P. Ryan, N.P.P. Niraj, Z.T.T. Wang, L. Carpenter, et al. Towards Solutions of Single-Walled Carbon Nanotubes in Common Solvents. *Advanced Materials*, 20(10):1876–1881, 2008.

[Bro59] B.C. Brodie. On the atomic weight of graphite. *Philosophical Transactions of the Royal Society of London*, 149:249–259, 1859.

[BVdBS94] RM Boom, T. Van den Boomgaard, and CA Smolders. Mass transfer and thermodynamics during immersion precipitation for a two-polymer system: Evaluation with the system pes-pvp-nmp-water. *Journal of Membrane Science*, 90(3):231–249, 1994.

[CKBG06] J.N. Coleman, U. Khan, W.J. Blau, and Y.K. Gun'ko. Small but strong: A review of the mechanical properties of carbon nanotube-polymer composites. *Carbon*, 44(9):1624–1652, 2006.

Literaturverzeichnis

[CM00] OS Carneiro and JM Maia. Rheological behavior of (short) carbon fiber/thermoplastic composites. part i: The influence of fiber type, processing conditions and level of incorporation. *Polymer composites*, 21(6):960–969, 2000.

[Coo03] Chuang H. F. Cinke M. Cruden B. A. Meyyappan M. Cooper, S. M. Gas permeability of a buckypaper membrane. *Nano Lett.*, 3(2):189–192, 2003.

[Cor08] B. Corry. Designing carbon nanotube membranes for efficient water desalination. *Journal of Physical chemistry B*, 112(5):1427, 2008.

[DDA01] M.S. Dresselhaus, G. Dresselhaus, and P. Avouris. *Carbon nanotubes: synthesis, structure, properties, and applications.* Springer Verlag, 2001.

[DDE96] M.S. Dresselhaus, G. Dresselhaus, and PC Eklund. *Science of fullerenes and carbon nanotubes*, volume 965. Academic Press New York, 1996.

[DMB+99] GS Duesberg, J. Muster, HJ Byrne, S. Roth, and M. Burghard. Towards processing of carbon nanotubes for technical applications. *Applied Physics A: Materials Science & Processing*, 69(3):269–274, 1999.

[DPVG+09] V.A. Davis, A.N.G. Parra-Vasquez, M.J. Green, P.K. Rai, N. Behabtu, V. Prieto, R.D. Booker, J. Schmidt, E. Kesselman, W. Zhou, et al. True solutions of single-walled carbon nanotubes for assembly into macroscopic materials. *Nature Nanotechnology*, 4(12):830–834, 2009.

[DSS+10] L.F. Dumée, K. Sears, J. Schütz, N. Finn, C. Huynh, S. Hawkins, M. Duke, and S. Gray. Characterization and evaluation of carbon nanotube bucky-paper membranes for direct contact membrane distillation. *Journal of Membrane Science*, 351(1-2):36–43, 2010.

[DT12] A. Dresel and U. Teipel. Dispergiereigenschaften nicht-modifizierter und funktionalisierter carbon nanotubes. *Chemie Ingenieur Technik*, 2012.

[EDSW12] S. Eiden, D. Duff, S. Stein, and N. Wetzold. Herstellung und eigenschaften von hochkonzentrierten cnt-dispersionen. *Chemie Ingenieur Technik*, 2012.

[EF10] P. Ehrenfreund and B.H. Foing. Fullerenes and Cosmic Carbon. *Science*, 329(5996):1159, 2010.

[FGR10] J. Fenn, B. Gammage, and M. Raskino. Gartner's hype cycle special report for 2010. 2010.

Literaturverzeichnis

[Fle95] Klomparens K. Flegler, S. *Elektronenmikroskopie: Grundlagen — Methoden — Anwendungen. Spektrum*. Akademischer Verlag, Heidelberg, Berlin, Oxford, 1995.

[GCPR08] Burch H.J. Grobert, N., S.A. Contera, M.R.R. Planque, and J.F. Ryan. Doping of carbon nanotubes with nitrogen improves protein coverage whilst retaining correct conformation. *Nanotechnology*, 19:384001, 2008.

[GH90] P.J. Goodhew and J. Humphreys. *Elektronenmikroskopie: Grundlagen und Anwendung*. McGraw-Hill, 1990.

[GLvL+08] N. Grossiord, J. Loos, L. van Laake, M. Maugey, C. Zakri, C.E. Koning, and A.J. Hart. High-conductivity polymer nanocomposites obtained by tailoring the characteristics of carbon nanotube fillers. *Advanced Functional Materials*, 18(20):3226–3234, 2008.

[GOSCG00] F. Garcia-Ochoa, VE Santos, JA Casas, and E. Gomez. Xanthan gum: production, recovery, and properties. *Biotechnology Advances*, 18(7):549–579, 2000.

[GSI08] L. Guan, K. Suenaga, and S. Iijima. Smallest carbon nanotube assigned with atomic resolution accuracy. *Nano letters*, 8(2):459–462, 2008.

[HGR+00] R. Haggenmueller, HH Gommans, AG Rinzler, J.E. Fischer, and KI Winey. Aligned single-wall carbon nanotubes in composites by melt processing methods. *Chemical Physics Letters*, 330(3-4):219–225, 2000.

[Hin04] Chopra N. Rantell T. Andrews R. Gavalas V. Bachas L. G. Hinds, B. J. Aligned multiwalled carbon nanotube membranes, 2004.

[HK09] H. Hoffschulz and P. Krüger. Carbon nanotubes- megatrend der werkstofftechnologie mit aussichtsreichen anwendungsperspektiven. *Vakuum in Forschung und Praxis*, 21(5):24–29, 2009.

[HLWF05] H. Huang, CH Liu, Y. Wu, and S. Fan. Aligned carbon nanotube composite films for thermal management. *Advanced materials*, 17(13):1652–1656, 2005.

[HNT+09] E. Heister, V. Neves, C. Tilmaciu, K. Lipert, V.S. Beltran, H.M. Coley, S.R.P. Silva, and J. McFadden. Triple functionalisation of single-walled carbon nanotubes with doxorubicin, a monoclonal antibody, and a fluorescent marker for targeted cancer therapy. *Carbon*, 47(9):2152–2160, 2009.

Literaturverzeichnis

[Hol06]   Park Hyung Gyu Wang Holt, Jason. Fast mass transport through sub-2-nanometer carbon nanotubes. *Science*, 312(5776):1034–1037, 2006.

[II93]   S. Iijima and T. Ichihashi. Single-shell carbon nanotubes of 1-nm diameter. 1993.

[Iij91]   S. Iijima. Helical microtubulus of graphitic carbon. *Nature*, 354:56–58, 1991.

[Jan98]   B. Janocha. Veränderung von Benetzung und Adsorption an Kunststoff-Wasser-Grenzflächen unter dem Einfluss externer elektrischer Felder und der Kunststoffoberflächenpolarität. 1998.

[JBZ98]   L. Jin, C. Bower, and O. Zhou. Alignment of carbon nanotubes in a polymer matrix by mechanical stretching. *Applied physics letters*, 73:1197, 1998.

[JGS03]   L. Jiang, L. Gao, and J. Sun. Production of aqueous colloidal dispersions of carbon nanotubes. *Journal of colloid and interface science*, 260(1):89–94, 2003.

[Jon66]   DEH Jones. Hollow molecules. *New sci*, 32:245, 1966.

[KA02]   E. Kymakis and GAJ Amaratunga. Single-wall carbon nanotube/conjugated polymer photovoltaic devices. *Applied Physics Letters*, 80:112, 2002.

[Kal03]   Garde S. Hummer G. Kalra, A. Osmotic water transport through carbon nanotube membranes. 100(18):10175–10180, 2003.

[Kat]   V. Katzenmaier. *Raman-Spektroskopie als Methode zum Nachweis der Funktionalisierung von Kohlenstoffnanoröhren*.

[KHF$^+$02]   YA Kim, T. Hayashi, Y. Fukai, M. Endo, T. Yanagisawa, and MS Dresselhaus. Effect of ball milling on morphology of cup-stacked carbon nanotubes. *Chemical physics letters*, 355(3-4):279–284, 2002.

[KHKV92]   M. Kraus, M. Heisler, I. Katsnelson, and D. Velazques. Filtration membranes and method of making the same, April 1992. US Patent 5,108,607.

[KHO$^+$85]   HW Kroto, JR Heath, SC O'Brien, RF Curl, and RE Smalley. C_{60}: Buckminsterfullerene. *Nature*, 318:162–163, 1985.

[Kim03]   Y.K. Kim. Nanocomposite fibers. Technical report, Massachusetts University Dartmouth, Dept.of Tectile Science, 2003.

Literaturverzeichnis

[KMP+12] B. Krause, M. Mende, G. Petzold, R. Boldt, and P. Pötschke. Methoden zur charakterisierung der dispergierbarkeit und längenanalyse von carbon nanotubes. *Chemie Ingenieur Technik*, 2012.

[Krü07] A. Krüger. *Neue Kohlenstoffmaterialien*. Vieweg+ Teubner Verlag, 2007.

[KS02] J.C. Kearns and R.L. Shambaugh. Polypropylene fibers reinforced with carbon nanotubes. *Journal of Applied Polymer Science*, 86(8):2079–2084, 2002.

[KU70] D. Kaelble and K. Uy. A reinterpretation of organic liquid-polytetrafluoroethylene surface interactions. *The Journal of Adhesion*, 2(1):50–60, 1970.

[LB01] K. Lozano and E. Barrera. Nanofiber-reinforced thermoplastic composites. i. thermoanalytical and mechanical analyses. *Journal of Applied Polymer Science*, 79(1):125–133, 2001.

[LK11] Y. Li and M. Kröger. A theoretical evaluation of the effects of carbon nanotube entanglement and bundling on the structural and mechanical properties of buckypaper. *Carbon*, 2011.

[LLY+03] J. Li, Y. Lu, Q. Ye, M. Cinke, J. Han, and M. Meyyappan. Carbon nanotube sensors for gas and organic vapor detection. *Nano Letters*, 3(7):929–933, 2003.

[Loz00] K. Lozano. Vapor-grown carbon-fiber composites: processing and electrostatic dissipative applications. *JOM Journal of the Minerals, Metals and Materials Society*, 52(11):34–36, 2000.

[LPRS02] P.T. Lillehei, C. Park, J.H. Rouse, and E.J. Siochi. Imaging carbon nanotubes in high performance polymer composites via magnetic force microscopy. *Nano Letters*, 2(8):827–829, 2002.

[LRS+02] Y. Lin, A.M. Rao, B. Sadanadan, E.A. Kenik, and Y.P. Sun. Functionalizing multiple-walled carbon nanotubes with aminopolymers. *The Journal of Physical Chemistry B*, 106(6):1294–1298, 2002.

[LT71] BJ Last and DJ Thouless. Percolation theory and electrical conductivity. *Physical Review Letters*, 27(25):1719–1721, 1971.

[MAL+01] J.M. Moon, K.H. An, Y.H. Lee, Y.S. Park, D.J. Bae, and G.S. Park. High-yield purification process of singlewalled carbon nanotubes. *The Journal of physical chemistry B*, 105(24):5677–5681, 2001.

[Mao03]   Lee K. H. Sinnott S. B. Mao, Z. Nanotubes as membranes: predictions of atomistic simulations. *Energeia*, 14(2):1–4, 2003.

[MBA+02] C.A. Mitchell, J.L. Bahr, S. Arepalli, M. James, and R. Krishnamoorti. Dispersion of functionalized carbon nanotubes in polystyrene. *Macromolecules*, 35(23):8825–8830, 2002.

[MCD+02] P.A.O.R. Muisener, L. Clayton, J. D'Angelo, JP Harmon, AK Sikder, A. Kumar, AM Cassell, and M. Meyyappan. Effects of gamma radiation on poly (methyl methacrylate)/single-wall nanotube composites. *Journal of materials research*, 17(10):2507–2513, 2002.

[Mey05]   M. Meyyappan. *Carbon nanotubes: science and applications*. CRC, 2005.

[Mez07]   T. Mezger. *Das Rheologie Handbuch: Für Anwender von Rotations-und oszillationsrheometern*. Vincentz Network GmbH & Co KG, 2007.

[MGG+05] K. McGuire, N. Gothard, PL Gai, MS Dresselhaus, G. Sumanasekera, and AM Rao. Synthesis and raman characterization of boron-doped single-walled carbon nanotubes. *Carbon*, 43(2):219–227, 2005.

[MGK+07] J.C. Meyer, AK Geim, MI Katsnelson, KS Novoselov, TJ Booth, and S. Roth. The structure of suspended graphene sheets. *Nature*, 446(7131):60–63, 2007.

[MKP+02] A.A. Mamedov, N.A. Kotov, M. Prato, D.M. Guldi, J.P. Wicksted, and A. Hirsch. Molecular design of strong single-wall carbon nanotube/polyelectrolyte multilayer composites. *Nature Materials*, 1(3):190–194, 2002.

[MR04]   T. Melin and R. Rautenbach. *Membranverfahren*. Springer, 2004.

[Nan]   Innovationsallianz Carbon Nanotubes. www.inno-cnt.de.

[NGM+04] KS Novoselov, AK Geim, SV Morozov, D. Jiang, Y. Zhang, SV Dubonos, IV Grigorieva, and AA Firsov. Electric field effect in atomically thin carbon films. *Science*, 306(5696):666, 2004.

[OEK76]   A. Oberlin, M. Endo, and T. Koyama. High-Resolution Electron-Microscope Observations of Graphitized C Fibres. *Carbon*, 14(2):133–135, 1976.

[Ohl06]   K. Ohlrogge. *Membranen: Grundlagen, Verfahren und industrielle Anwendungen*. Wiley-VCH, 2006.

Literaturverzeichnis

[Osa70]   E. Osawa. Chohokozoku. *Kagaku*, 25:854–863, 1970.

[OW69]   D.K. Owens and RC Wendt. Estimation of the surface free energy of polymers. *Journal of Applied Polymer Science*, 13(8):1741–1747, 1969.

[PBJ04]   P. Pötschke, A.R. Bhattacharyya, and A. Janke. Melt mixing of polycarbonate with multiwalled carbon nanotubes: microscopic studies on the state of dispersion. *European polymer journal*, 40(1):137–148, 2004.

[PF02]   P. Pötschke and Paul D. Fornes, T. Rheological behavior of multiwalled carbon nanotube/polycarbonate composites. *Polymer*, 43(11):3247–3255, 2002.

[PHHS04]   M. Pohl, S. Hogekamp, NQ Hoffmann, and HP Schuchmann. Dispergieren und Desagglomerieren von Nanopartikeln mit Ultraschall. *Chemie Ingenieur Technik*, 76(4):392–396, 2004.

[PLF+01]   A. Peigney, C. Laurent, E. Flahaut, RR Bacsa, and A. Rousset. Specific surface area of carbon nanotubes and bundles of carbon nanotubes. *Carbon*, 39(4):507–514, 2001.

[PMW+06]   E. Pop, D. Mann, Q. Wang, K. Goodson, and H. Dai. Thermal conductance of an individual single-wall carbon nanotube above room temperature. *Nano Letters*, 6(1):96–100, 2006.

[PZMV09]   P. Pötschke, N.P. Zschoerper, B.P. Moller, and U. Vohrer. Plasma functionalization of multiwalled carbon nanotube bucky papers and the effect on properties of melt-mixed composites with polycarbonate. *Macromolecular rapid communications*, 30(21):1828–1833, 2009.

[Qiu09]   Wu Liguang Pan Qiu, Shi. Preparation and properties of functionalized carbon nanotube/psf blend ultrafiltration membranes. *Journal of Membrane Science*, 342(1-2):165–172, 2009. 0376-7388.

[Rad52]   Lukyanovich V. Radushkevich, L. On the structure of carbon formed by the thermal decomposition of carbon monoxide (CO) to the contact with iron. *Russ. J. Phys. Chem*, 26:88, 1952.

[Reu87]   Smolders C. Reuvers, A. Formation of membranes by means of immersion precipitation: Part ii. the mechanism of formation of membranes prepared from the system cellulose acetate-acetone-water. *Journal of membrane science*, 34(1):67–86, 1987.

[RKT+08]   R. Rastogi, R. Kaushal, SK Tripathi, A.L. Sharma, I. Kaur, and L.M. Bharadwaj. Comparative study of carbon nanotube dispersion using surfactants. *Journal of colloid and interface science*, 328(2):421–428, 2008.

[Roe10] K. Roelofs. Sulfonated poly (ether ether ketone) based membranes for direct ethanol fuel cells. 2010.

[RTM04] S. Reich, C. Thomsen, and J. Maultzsch. *Carbon nanotubes: basic concepts and physical properties*. Vch Verlagsgesellschaft Mbh, 2004.

[S+00] K. Schwister et al. *Taschenbuch der Verfahrenstechnik*. Fachbuchverl. Leipzig im Carl-Hanser-Verl., 2000.

[SAG02] B. Safadi, R. Andrews, and EA Grulke. Multiwalled carbon nanotube polymer composites: synthesis and characterization of thin films. *Journal of applied polymer science*, 84(14):2660–2669, 2002.

[Sai03] Y. Saito. Carbon nanotube field emitter. *Journal of Nanoscience and Nanotechnology*, 3, 1(2):39–50, 2003.

[Sch09] M Schütz. Zerkleinern, mahlen, dispergieren oder exfolieren. *Lehrstuhl AC1 – Universität Bayreuth*, FT-Seminar, 2009.

[Sch11] M. Schäffler. Rheologie von Beschichtungen. *Easy Coating*, pages 227–247, 2011.

[SDDK98] R. Saito, G. Dresselhaus, M.S. Dresselhaus, and Knovel. *Physical properties of carbon nanotubes*, volume 3. Imperial College Press London, 1998.

[Sho06] Johnson J. Sholl, D. Making high-flux membranes with carbon nanotubes. *Science*, 312:1003–1004, 2006.

[Sma07] Kukovecz Smajda, Rita. Morphology and n_2 permeability of multiwall carbon nanotube—teflon membranes. *Journal of Nanoscience and Nanotechnology*, 7(4-5):1604–1610, 2007.

[Smi58] F. Smits. Measurement of sheet resistivities with the four-point probe. *Bell Syst. Tech. J*, 37(3):711–18, 1958.

[SMNI95] U. Sundararaj, C.W. Macosko, A. Nakayama, and T. Inoue. Milligrams to kilograms: an evaluation of mixers for reactive polymer blending. *Polymer Engineering & Science*, 35(1):100–114, 1995.

[SSH+10] D.T. Schoen, A.P. Schoen, L. Hu, H.S. Kim, S.C. Heilshorn, and Y. Cui. High speed water sterilization using one-dimensional nanostructures. *Nano letters*, 2010.

[Str06]   A. Striolo. The mechanism of water diffusion in narrow carbon nanotubes. *Nano Lett.*, 6(4):633–639, 2006.

[SWW+03]   M. Sennett, E. Welsh, JB Wright, WZ Li, JG Wen, and ZF Ren. Dispersion and alignment of carbon nanotubes in polycarbonate. *Applied Physics A: Materials Science & Processing*, 76(1):111–113, 2003.

[TRG00]   T. Tiano, M. Roylance, and J. Gassner. Functionalization of single-wall nanotubes for improved structural composites. *Revolutionary Materials: Technology and Economics*, 32:192, 2000.

[TX99]   B.Z. Tang and H. Xu. Preparation, alignment, and optical properties of soluble poly (phenylacetylene)-wrapped carbon nanotubes. *Macromolecules*, 32(8):2569–2576, 1999.

[TY02]   R. Tucknott and SN Yaliraki. Aggregation properties of carbon nanotubes at interfaces. *Chemical physics*, 281(2-3):455–463, 2002.

[Voh04]   Kolaric I. Haque M. Roth S. Detlaff U. Vohrer, U. Carbon nanotube sheets for the use as artificial muscles. *Carbon*, 42(5-6):1159–1164, 2004.

[Voh09]   U. Vohrer. Management-fernlehrgang nanotechnologie, kohlenstoffnanoröhren. *Materials ans Surface Training Institute, IIR Verlag*, 5:43, 2009.

[VWM06]   L. Vaisman, H.D. Wagner, and G. Marom. The role of surfactants in dispersion of carbon nanotubes. *Advances in colloid and interface science*, 128:37–46, 2006.

[Wan07]   Ci Wang, Zuankai. Polarity-dependent electrochemically controlled transport of water through carbon nanotube membranes. *Nano Letters*, 2007.

[Wra86]   W.J. Wrasidlo. Asymmetric membranes, December 1986. US Patent 4,629,563.

[WVG+04]   W. Wenseleers, I.I. Vlasov, E. Goovaerts, E.D. Obraztsova, A.S. Lobach, and A. Bouwen. Efficient Isolation and Solubilization of Pristine Single-Walled Nanotubes in Bile Salt Micelles. *Advanced Functional Materials*, 14(11):1105–1112, 2004.

[WWJ+98]   S.S. Wong, A.T. Woolley, E. Joselevich, C.L. Cheung, and C.M. Lieber. Covalently-functionalized single-walled carbon nanotube probe tips for chemical force microscopy. *Journal of the American Chemical Society*, 120(33):8557–8558, 1998.

Literaturverzeichnis

[WZG+04] M. Wang, F. Zhao, Z. Guo, Y. Wang, and S. Dong. Polyaniline-coated carbon particles and their electrode behavior in organic carbonate electrolyte. *Journal of electroanalytical Chemistry*, 570(2):201–208, 2004.

[ZKP+03] J. Zhu, J.D. Kim, H. Peng, J.L. Margrave, V.N. Khabashesku, and E.V. Barrera. Improving the dispersion and integration of single-walled carbon nanotubes in epoxy composites through functionalization. *Nano Letters*, 3(8):1107–1113, 2003.

[ZMMD08] T. Zhang, S. Mubeen, N.V. Myung, and M.A. Deshusses. Recent progress in carbon nanotube-based gas sensors. *Nanotechnology*, 19:332001, 2008.

[Zsc10] P. N. Zschoerper. *Oberflächenmodifizierung von Carbon Nanotubes mittels technischer Niederdruckplasmen*. 2010.

Danksagung

An dieser Stelle möchte ich mich bei allen Personen bedanken, die zum Gelingen dieser Arbeit maßgeblich beigetragen haben und mich während meiner Arbeiten am IGVT sowie am IGB tatkräftig unterstützt haben. Besonderer Dank an:

- **Herrn Prof. Dr. Thomas Hirth** für die Möglichkeit, meine Promotion am Institut für Grenzflächenverfahrenstechnik (IGVT) in Kooperation mit dem Fraunhofer-Institut für Grenzflächen- und Bioverfahrenstechnik durchzuführen sowie die Betreuung während der Promotion und Erstellung des Erstgutachtens.

- **Herrn Prof. Dr.-Ing. Steffen Schütz** für die freundliche Übernahme des Zweitgutachtens.

- **Herrn Dr. Uwe Vohrer** für die fachliche Betreuung der Arbeit und die tatkräftige Unterstützung über den gesamten Zeitraum. Vielen Dank für die zahlreichen konstruktiven Diskussionen und das enorme Engagement für diese Arbeit.

- **Herrn Dr. Jakob Barz** für die Unterstützung während der experimentellen Arbeiten sowie für wertvollen Input bei der Erstellung der Arbeit.

- **Herrn Dr. Nicolas Zschörper** und **Frau Dr. Verena Katzenmaier** für die hervorragende Zusammenarbeit auf dem Gebiet der CNTs.

- **Frau Monika Riedl** für die Anfertigung der REM-Aufnahmen

- **Herrn Dr. Thomas Schiestel** und **Herrn Dr. Kimball Roelofs** für die Unterstützung und Hilfe bei der Anfertigung und Vermessung der Membranen.

- Den Mitarbeitern der physikalischen Grenzflächenverfahrenstechnik (PGVT/IGVT) sowie der Abteilung Grenzflächentechnologie und Materialwissenschaft (GTM/IGB), insbesondere **Herrn Dr. Christian Oehr** sowie Dr. Maike Schmidt, Tina Weber und Sarah Kühnle.

- Allen Mitarbeitern des Fraunhofer IGB, insbesondere Herrn Dr. Günther Tovar, Linda, Alexander, Frauke, Chris, Dominique, Angela, Petra, Andrea.

- Den Mitarbeitern des Competence Centers Innnovations- und Technologie-Management und Vorausschau am Fraunhofer-Institut für System- und Innovationsforschung für die Unterstützung während der letzten Phase der Promotion.

Danksagung

- Meinen Freunden für die nötige Ablenkung, insbesondere Freddy, Timm, Maike, Linda, Ralf.
- Besonderer Dank gilt natürlich meiner Familie und meiner Freundin für die Unterstützung während der gesamten Zeit, die zahlreichen Korrekturen sowie das tapfere Durchhalten und die Aufmunterungen bis zum Schluss. Ganz herzlichen Dank et merci beaucoup!

i want morebooks!

Buy your books fast and straightforward online - at one of world's fastest growing online book stores! Environmentally sound due to Print-on-Demand technologies.

Buy your books online at
www.get-morebooks.com

Kaufen Sie Ihre Bücher schnell und unkompliziert online – auf einer der am schnellsten wachsenden Buchhandelsplattformen weltweit! Dank Print-On-Demand umwelt- und ressourcenschonend produziert.

Bücher schneller online kaufen
www.morebooks.de

VDM Verlagsservicegesellschaft mbH
Heinrich-Böcking-Str. 6-8
D - 66121 Saarbrücken

Telefon: +49 681 3720 174
Telefax: +49 681 3720 1749

info@vdm-vsg.de
www.vdm-vsg.de

Printed by Books on Demand GmbH, Norderstedt / Germany